한 권 으 로   끝 내 는

KB037313

T.H.E
BOOK

https://rangssem.com

cafe.naver.com/rangssem

재 인증

시험 안내

직무 분야	안전관리	중직무 분야	안전관리	자격 종목	산업안전기사	적용 기간	2024.1.1.~2026.12.31.

○ 직무내용: 제조 및 서비스업 등 각 산업현장에 소속되어 산업재해 예방계획의 수립에 관한사항을 수행하며, 작업환경의 점검 및 개선에 관한 시
　　　　사고사례 분석 및 개선에 관한 사항, 근로자의 안전교육 및 훈련 등을 수행하는 직무이다.

실기검정방법	복합형	시험시간	2시간 30분 (필답형 1시간 30분, 작업형 1시간)

실기 과목명	주요항목	세부항목
산업안전관리 실무	1. 산업안전관리 계획수립	1. 산업안전계획 수립하기
		2. 산업재해예방계획 수립하기
		3. 안전보건관리규정 작성하기
		4. 산업안전관리 매뉴얼 개발하기
	2. 기계작업공정 특성 분석	1. 안전관리상 고려사항 결정하기
		2. 관련 공정 특성 분석하기
		3. 유사 공정 안전관리 사례 분석하기
		4. 기계 위험 안전조건 분석하기
	3. 산업재해 대응	1. 산업재해 처리 절차 수립하기
		2. 산업재해자 응급조치하기
		3. 산업재해원인 분석하기
		4. 산업재해 대책 수립하기
	4. 사업장 안전점검	1. 산업안전 점검계획 수립하기
		2. 산업안전 점검표 작성하기
		3. 산업안전 점검 실행하기
		4. 산업안전 점검 평가하기
	5. 기계안전시설 관리	1. 안전시설 관리 계획하기
		2. 안전시설 설치하기
		3. 안전시설 관리하기
	6. 산업안전 보호장비관리	1. 보호구 관리하기
		2. 안전장구 관리하기
	7. 정전기 위험관리	1. 정전기 발생방지 계획수립하기
		2. 정전기 위험요소 파악하기
		3. 정전기 위험요소 제거하기
	8. 전기 방폭 관리	1. 사고 예방 계획수립하기
		2. 전기 방폭 결함요소 파악하기
		3. 전기 방폭 결함요소 제거하기
	9. 전기작업안전관리	1. 전기작업 위험성 파악하기
		2. 정전작업 지원하기
		3. 활선작업 지원하기
		4. 충전전로 근접작업 안전지원하기

실기 과목명	주요항목	세부항목
	10. 화재·폭발·누출사고 예방	1. 화재·폭발·누출요소 파악하기
		2. 화재·폭발·누출 예방 계획수립하기
		3. 화재·폭발·누출 사고 예방활동 하기
	11. 화학물질 안전관리 실행	1. 유해·위험성 확인하기
		2. MSDS 활용하기
	12. 화공안전점검	1. 안전점검계획 수립하기
		2. 안전점검표 작성하기
		3. 안전점검 실행하기
		4. 안전점검 평가하기
	13. 건설공사 특성분석	1. 건설공사 특수성 분석하기
		2. 안전관리 고려사항 확인하기
		3. 관련 공사자료 활용하기
	14. 건설현장 안전시설 관리	1. 안전시설 관리 계획하기
		2. 안전시설 설치하기
		3. 안전시설 관리하기
		4. 안전시설 적용하기
	15. 건설공사 위험성평가	1. 건설공사 위험성평가 사전준비하기
		2. 건설공사 유해·위험요인파악하기
		3. 건설공사 위험성 결정하기
		4. 건설공사 위험성평가 보고서 작성하기
		5. 건설공사 위험성 감소대책 수립하기
		6. 건설공사 위험성 감소대책 타당성 검토하기

스터디 플랜

	1일차	2일차	3일차
1주차	필답형 기출문제 암기 2010년 1회 2010년 2회 2010년 3회	필답형 기출문제 암기 2011년 1회 2011년 2회 전날 내용 복습	필답형 기출문제 암기 2011년 3회 2012년 1회 전날 내용 복습
	8일차	**9일차**	**10일차**
2주차	필답형 기출문제 암기 2015년 1회 2015년 2회 전날 내용 복습	필답형 기출문제 암기 2015년 3회 2016년 1회 전날 내용 복습	필답형 기출문제 암기 2016년 2회 2016년 3회 전날 내용 복습
	15일차	**16일차**	**17일차**
3주차	필답형 기출문제 암기 2019년 3회 2020년 1회 전날 내용 복습	필답형 기출문제 암기 2020년 2회 2020년 3회 전날 내용 복습	필답형 기출문제 암기 2021년 1회 2021년 2회 전날 내용 복습
	22일차	**23일차**	**24일차**
4주차	필답형 기출문제 회독 2010~2023 2회독 작업형 기출문제 암기 35개 암기 전날 내용 복습	필답형 기출문제 회독 2010~2023 3회독 작업형 기출문제 암기 35개 암기 전날 내용 복습	필답형 기출문제 회독 2010~2023 4회독 작업형 기출문제 암기 35개 암기 전날 내용 복습

4일차	5일차	6일차	7일차
필답형 기출문제 암기 2012년 2회 2012년 3회 전날 내용 복습	필답형 기출문제 암기 2013년 1회 2013년 2회 전날 내용 복습	필답형 기출문제 암기 2013년 3회 2014년 1회 전날 내용 복습	필답형 기출문제 암기 2014년 2회 2014년 3회 전날 내용 복습
11일차	**12일차**	**13일차**	**14일차**
필답형 기출문제 암기 2017년 1회 2017년 2회 전날 내용 복습	필답형 기출문제 암기 2017년 3회 2018년 1회 전날 내용 복습	필답형 기출문제 암기 2018년 2회 2018년 3회 전날 내용 복습	필답형 기출문제 암기 2019년 1회 2019년 2회 전날 내용 복습
18일차	**19일차**	**20일차**	**21일차**
필답형 기출문제 암기 2021년 3회 2022년 1회 전날 내용 복습	필답형 기출문제 암기 2022년 2회 2022년 3회 전날 내용 복습	필답형 기출문제 암기 2023년 1회 2023년 2회 전날 내용 복습	필답형 기출문제 암기 2023년 3회 필답형 기출문제 회독 2010~2023 1회독 전날 내용 복습
25일차	**26일차**	**27일차**	**28일차**
필답형 기출문제 회독 2010~2023 5회독 작업형 기출문제 암기 35개 암기 전날 내용 복습	필답형 기출문제 회독 2010~2023 6회독 작업형 기출문제 암기 35개 암기 전날 내용 복습	필답형 기출문제 회독 2010~2023 7회독 작업형 기출문제 암기 35개 암기 전날 내용 복습	필답형 기출문제 회독 2010~2023 8회독 작업형 기출문제 암기 나머지 암기 전날 내용 복습

★ 저자가 직접 강의하는 ★

랑쌤에듀
인터넷 강의

한 번에 합격하는
강의 리스트

산업안전기사 필기

필기 기출풀이 (개정판)

산업안전(산업)기사 실기

| 기사 | 필답형 기출풀이 |
| | 작업형 문제풀이 |

| 산업기사 | 필답형 기출풀이 |
| | 작업형 문제풀이 |

이벤트 기간에 다 주는
오픈기념 이벤트

30% 할인권

강의료
무조건 30% 할인

\+

10

수강기간
무조건 10일 연장

\+

간편한 무료
다운로드 기능 제공

*강의는 순차적으로 업로드 되므로 해당 강의의 업로드 여부 및 날짜는 강의별 상세페이지를 확인해주시기 바랍니다.
*무료 필기 CBT 패키지는 오픈일로부터 15일간 제공되며 구매 날짜로부터 3개월간 미오픈시 자동 오픈 처리 됩니다.

수강신청 방법 : rangssem.com에서 회원가입 후 신청

산업안전기사
실기

Contents

차례

산업안전기사 실기

필답형

01

「산업안전보건법」상 안전인증 대상 보호구 5가지를 쓰시오.

① 안전대   ② 안전화
③ 안전장갑   ④ 방진마스크
⑤ 방독마스크   ⑥ 송기마스크

＊안전인증대상 기계·기구 등

기계・기구 및 설비	① 프레스 ② 전단기 및 절곡기 ③ 크레인 ④ 리프트 ⑤ 압력용기 ⑥ 롤러기 ⑦ 사출성형기 ⑦ 고소 작업대 ⑧ 곤돌라
방호장치	① 프레스 및 전단기 방호장치 ② 양중기용 과부하방지장치 ③ 보일러 압력방출용 안전밸브 ④ 압력용기 압력방출용 안전밸브 ⑤ 압력용기 압력방출용 파열판 ⑥ 절연용 방호구 및 활선작업용 기구 ⑦ 방폭구조 전기기계·기구 및 부품 ⑧ 추락·낙하 및 붕괴 등의 위험방지 및 보호에 필요한 가설기자재로서 고용노동부장관이 정하여 고시하는 것
보호구	① 추락 및 감전 위험방지용 안전모 ② 안전화 ③ 안전장갑ㅣ ④ 방진마스크 ⑤ 방독마스크 ⑥ 송기마스크 ⑦ 전동식 호흡보호구 ⑧ 보호복 ⑨ 안전대 ⑩ 차광 및 비산물 위험방지용 보안경 ⑪ 용접용 보안면 ⑫ 방음용 귀마개 또는 귀덮개

02

「산업안전보건법」에 따라 다음 보기를 참고 하여 다음 물음에 각각 2개씩 쓰시오.

> **[보기]**
> ① 니트로화합물 ② 리튬 ③ 황
> ④ 질산 및 그 염류 ⑤ 산화프로필렌
> ⑥ 아세틸렌 ⑦ 하이드라진 유도체 ⑧ 수소

(1) 폭발성물질 및 유기과산화물
(2) 물반응성물질 및 인화성고체

(1) ①, ⑦
(2) ②, ③

＊해당 위험물의 종류

폭발성물질 및 유기과산화물	물반응성물질 및 인화성고체
① 질산에스테르 ② 니트로화합물 ③ 니트로소화합물 ④ 아조화합물 ⑤ 디아조화합물 ⑥ 하이드라진 유도체 ⑦ 유기과산화물	① 리튬 ② 칼륨·나트륨 ③ 황 ④ 황린 ⑤ 황화인·적린 ⑥ 셀룰로이드류 ⑦ 알킬알루미늄·알킬리튬 ⑧ 마그네슘분 ⑨ 금속분 ⑩ 알칼리금속 ⑪ 유기금속화합물 ⑫ 금속의 수소화물 ⑬ 금속의 인화물 ⑭ 칼슘 탄화물·알루미늄 탄화물

03

「산업안전보건법」상 지반의 굴착작업에 있어서 지반의 붕괴 등에 의해 근로자에게 위험의 영향이 있을 경우 실시하는 지반의 사전조사사항 3가지 쓰시오.

① 형상·지질 및 지층의 상태
② 균열·함수·용수 및 동결의 유무 또는 상태
③ 매설물 등의 유무 또는 상태
④ 지반의 지하수위 상태

04

다음에 해당하는 방폭구조 기호를 각각 쓰시오.

> [보기]
> ① 내압 방폭구조
> ② 충전 방폭구조
> ③ 본질안전 방폭구조
> ④ 몰드 방폭구조
> ⑤ 비점화 방폭구조

① d
② q
③ ia, ib
④ m
⑤ n

*방폭구조의 종류와 기호

종류	내용
내압 방폭구조 (d)	용기 내 폭발 시 용기가 폭발 압력을 견디며 틈을 통해 냉각효과로 인하여 외부에 인화될 우려가 없는 구조
압력 방폭구조 (p)	용기 내에 보호가스를 압입시켜 폭발성 가스나 증기가 용기 내부에 유입되지 않도록 되어있는 구조
안전증 방폭구조 (e)	정상 운전 중에 점화원 방지를 위해 기계적, 전기적 구조상 혹은 온도 상승에 대해 안전도를 증가한 구조
유입 방폭구조 (o)	전기불꽃, 아크, 고온 발생 부분을 기름으로 채워 폭발성 가스 또는 증기에 인화되지 않도록 한 구조
본질안전 방폭구조 (ia, ib)	정상 동작 시, 사고 시(단선, 단락, 지락)에 폭발 점화원의 발생이 방지된 구조
비점화 방폭구조 (n)	정상 동작 시 주변의 폭발성 가스 또는 증기에 점화시키지 않고 점화 가능한 고장이 발생되지 않는 구조
몰드 방폭구조 (m)	전기불꽃, 고온 발생 부분은 컴파운드로 밀폐한 구조

05

「산업안전보건법」상 컨베이어 작업시작 전 점검사항 4가지를 쓰시오.

① 원동기 및 풀리 기능의 이상 유무
② 이탈 등의 방지장치 기능의 이상 유무
③ 비상정지장치 기능의 이상 유무
④ 원동기·회전축·기어 및 풀리 등의 덮개 또는 울 등의 이상 유무

06

다음 보기에 해당하는 기계의 방호장치를 각각 1개씩
쓰시오.

> [보기]
> ① 롤러기   ② 산업용 로봇

① 롤러기 : 급정지장치
② 산업용 로봇 : 안전매트

07

「산업안전보건법」상 하역작업할 때 화물운반용 또는
고정용으로 사용할 수 없는 섬유로프의 조건 2가지
를 쓰시오.

① 꼬임이 끊어진 것
② 심하게 손상되거나 부식된 것

08

부품배치의 4원칙을 쓰시오.

① 중요성의 원칙
② 사용빈도의 원칙
③ 기능별 배치의 원칙
④ 사용순서의 원칙

09

「산업안전보건법」상 관리감독자 정기교육의 내용 4가
지를 쓰시오.

① 산업안전 및 사고 예방에 관한 사항

---

② 산업보건 및 직업병 예방에 관한 사항
③ 산업안전보건법령 및 산업재해보상보험 제도에 관한 사항
④ 직무스트레스 예방 및 관리에 관한 사항
⑤ 직장 내 괴롭힘, 고객의 폭언 등으로 인한 건강장해 예방 및 관리에 관한 사항

*교육 구분

구분	내용
채용 시 교육 및 작업내용 변경 시 교육	① 산업안전 및 사고 예방에 관한 사항 ② 산업보건 및 직업병 예방에 관한 사항 ③ 산업안전보건법령 및 산업재해보상 보험 제도에 관한 사항 ④ 직무스트레스 예방 및 관리에 관한 사항 ⑤ 직장 내 괴롭힘, 고객의 폭언 등으로 인한 건강장해 예방 및 관리에 관한 사항 ⑥ 기계·기구의 위험성과 작업의 순서 및 동선에 관한 사항 ⑦ 작업 개시 전 점검에 관한 사항 ⑧ 정리정돈 및 청소에 관한 사항 ⑨ 사고 발생 시 긴급조치에 관한 사항 ⑩ 물질안전보건자료에 관한 사항
근로자 정기교육	① 산업안전 및 사고 예방에 관한 사항 ② 산업보건 및 직업병 예방에 관한 사항 ③ 건강증진 및 질병 예방에 관한 사항 ④ 유해·위험 작업환경 관리에 관한 사항 ⑤ 산업안전보건법령 및 산업재해보상 보험 제도에 관한 사항 ⑥ 직무스트레스 예방 및 관리에 관한 사항 ⑦ 직장 내 괴롭힘, 고객의 폭언 등으로 인한 건강장해 예방 및 관리에 관한 사항
관리감독자 정기교육	① 산업안전 및 사고 예방에 관한 사항 ② 산업보건 및 직업병 예방에 관한 사항 ③ 유해·위험 작업환경 관리에 관한 사항 ④ 산업안전보건법령 및 산업재해보상 보험 제도에 관한 사항 ⑤ 직무스트레스 예방 및 관리에 관한 사항 ⑥ 직장 내 괴롭힘, 고객의 폭언 등으로 인한 건강장해 예방 및 관리에 관한 사항 ⑦ 작업공정의 유해·위험과 재해 예방 대책에 관한 사항 ⑧ 표준안전 작업방법 및 지도 요령에 관한 사항 ⑨ 관리감독자의 역할과 임무에 관한 사항 ⑩ 안전보건교육 능력 배양에 관한 사항

10

재해예방대책 4원칙을 쓰고 설명하시오.

① 예방가능의 원칙
: 천재지변을 제외한 모든 재해는 예방이 가능하다.
② 손실우연의 원칙
: 사고의 결과가 생기는 손실은 우연히 발생한다.
③ 대책선정의 원칙
: 재해는 적합한 대책이 선정되어야 한다.
④ 원인연계의 원칙
: 재해는 직접원인과 간접원인이 연계되어 일어난다.

*경고표지

인화성물질 경고	산화성물질 경고	폭발성물질 경고	급성독성 물질경고
부식성물질 경고	방사성물질 경고	고압전기 경고	매달린물체 경고
낙하물 경고	고온 경고	저온 경고	몸균형상실 경고
레이저광선 경고	위험장소 경고	발암성 · 변이원성 · 생식 독성 · 전신독성 · 호흡기 과민성물질 경고	

11

「산업안전보건법」상 경고표지의 종류 4가지를 쓰시오.

① 인화성물질 경고
② 산화성물질 경고
③ 폭발성물질 경고
④ 부식성물질 경고

12

「산업안전보건법」에 따른 공정안전보고서 포함사항
4가지를 쓰시오.

① 공정안전자료
② 공정위험성 평가서
③ 안전운전계획
④ 비상조치계획

13

「산업안전보건법」상 관리감독자의 업무 4가지를 쓰시오.

① 해당 사업장의 산업보건의, 안전관리자 및 보건관리자의 지도 · 조언에 대한 협조
② 해당 작업의 작업장 정리 · 정돈 및 통로확보에 대한 확인 · 감독
③ 해당 작업에서 발생한 산업재해에 관한 보고 및 이에 대한 응급조치
④ 관리감독자에게 소속된 근로자의 작업복 · 보호구 및 방호장치의 점검과 그 착용 · 사용에 관한 교육 · 지도
⑤ 사업장 내 관리감독자가 지휘 · 감독하는 작업과 관계된 기계 · 기구 또는 설비의 안전 · 보건 점검 및 이상 유무의 확인

14

근로자 1500명 중 사망 2명, 영구전노동 불능상해 2명, 재해로 인한 부상자 72명의 근로손실일수는 1200일일 때 강도율을 구하시오.
(단, 1일 작업시간 8시간, 연근로일수 280일 이다.)

$$강도율 = \frac{근로손실일수}{연근로 총시간수} \times 10^3$$
$$= \frac{7500 \times 2 + 7500 \times 2 + 1200}{1500 \times 8 \times 280} \times 10^3 = 9.29$$

*상해 정도별 분류

종류	내용
영구 전노동 불능상해	부상의 결과로 근로의 기능을 완전히 잃는 상해 정도 (신체 장애 등급 1~3급)
영구 일부노동 불능상해	부상의 결과로 신체의 일부가 영구적으로 노동 기능을 상실한 상해 정도 (신체 장애 등급 4~14급)
일시 전노동 불능상해	의사의 진단으로 일정 기간 정규 노동에 종사할 수 없는 상해 정도 (완치 후 노동력 회복)
일시 일부노동 불능상해	의사의 진단으로 일정 기간 정규 노동에 종사할 수 없으나, 휴무 상태가 아닌 일시 가벼운 노동에 종사할 수 있는 상해 정도

*요양근로손실일수 산정요령

신체장해자등급	근로손실일수
사망, 1, 2, 3급	7500일
4급	5500일
5급	4000일
6급	3000일
7급	2200일
8급	1500일
9급	1000일
10급	600일
11급	400일
12급	200일
13급	100일
14급	50일

01

「산업안전보건법」상 다음 표지에 해당하는 명칭을 쓰시오.

①	②	③	④

① 화기금지
② 폭발성물질경고
③ 부식성물질경고
④ 고압전기경고

*금지표지

출입금지	보행금지	차량통행 금지	사용금지
탑승금지	금연	화기금지	물체이동 금지

*경고표지

인화성물질 경고	산화성물질 경고	폭발성물질 경고	급성독성 물질경고
부식성물질 경고	방사성물질 경고	고압전기 경고	매달린물체 경고
낙하물 경고	고온 경고	저온 경고	몸균형상실 경고
레이저광선 경고	위험장소 경고	발암성 · 변이원성 · 생식 독성 · 전신독성 · 호흡기 과민성물질 경고	

02

「산업안전보건법」상 다음 보기 중 산업안전 관리비로 사용 가능한 항목 4지를 고르시오.

> [보기]
> ① 면장갑 및 코팅장갑의 구입비
> ② 안전보건 교육장내 냉·난방 설비 설치비
> ③ 안전보건 관리자용 안전 순찰차량의 유류비
> ④ 교통통제를 위한 교통정리자의 인건비
> ⑤ 외부인 출입금지, 공사장 경계표시를 위한 가설울타리
> ⑥ 위생 및 긴급 피난용 시설비
> ⑦ 안전보건교육장의 대지 구입비
> ⑧ 안전관련 간행물, 잡지 구독비

②, ③, ⑥, ⑧

*산업안전보건관리비 적용 내역
1. 안전관리자 등의 인건비 및 각종 업무 수당 등
2. 안전시설비 등
3. 개인보호구 및 안전장구 구입비 등
4. 사업장의 안전진단비
5. 안전보건교육비 및 행사비 등
6. 근로자의 건강관리비 등

03

산업안전 보건법 개정으로 폐지된 내용입니다.

접지공사 종류에서 접지저항값 및 접지선의 굵기에 대한 표의 빈칸을 채우시오.

종별	접지저항	접지선의 굵기
제1종	(①)Ω 이하	공칭단면적 (④)mm^2 이상의 연동선
제3종	(②)Ω 이하	공칭단면적 (⑤)mm^2 이상의 연동선
특별 제3종	(③)Ω 이하	공칭단면적 2.5mm^2 이상의 연동선

2021년 KEC 법 개정으로 인해 접지대상에 따라 일괄 적용한 종별접지가 폐지되어 정답이 없습니다.

04

「산업안전보건법」상 기계의 원동기·회전축·기어·풀리·플라이휠·벨트 및 체인 등의 위험 방지를 위한 방호장치 3가지를 쓰시오.

① 덮개
② 울
③ 슬리브
④ 건널다리

05

「산업안전보건법」상 다음 기계·기구에 설치 해야 하는 방호장치를 1개씩 쓰시오.

> [보기]
> ① 아세틸렌용접장치
> ② 교류아크용접기
> ③ 압력용기
> ④ 연삭기

① 안전기
② 자동전격방지기
③ 압력방출용 파열판(또는 안전밸브)
④ 덮개

06

중량물을 취급하는 작업에서 작성하는 작업계획서 포함사항 3가지를 쓰시오.

① 추락위험을 예방할 수 있는 안전대책
② 낙하위험을 예방할 수 있는 안전대책
③ 전도위험을 예방할 수 있는 안전대책
④ 협착위험을 예방할 수 있는 안전대책
⑤ 붕괴위험을 예방할 수 있는 안전대책

07

안전난간의 주요구성 요소 4가지를 쓰시오.

① 상부 난간대
② 중간 난간대
③ 발끝막이판
④ 난간기둥

08

「산업안전보건법」상 작업장의 조도기준에 대한 빈칸을 채우시오.

작업	조도
초정밀작업	(①) Lux 이상
정밀작업	(②) Lux 이상
보통작업	(③) Lux 이상
그 외 작업	(④) Lux 이상

① 750
② 300
③ 150
④ 75

09

다음 보기의 주의의 특성에 대하여 각각 설명하시오.

[보기]
① 선택성 ② 변동성 ③ 방향성

① 선택성
 : 여러 종류의 자극을 자각할 때 소수의 특정한 것에 한하여 선택하여 집중한다.

② 변동성
 : 주의에는 주기적으로 부주의적 리듬이 존재한다.

③ 방향성
 : 한 곳에 주의하면 다른 곳의 주의가 약해진다.

10

다음 보기는 산업재해 발생 시 조치내용의 순서일 때 빈칸을 채우시오.

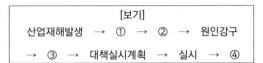

[보기]
산업재해발생 → ① → ② → 원인강구 → ③ → 대책실시계획 → 실시 → ④

① 긴급처리
② 재해조사
③ 대책수립
④ 평가

*산업재해 발생 시 조치 순서
재해발생 → 긴급처리 → 재해조사 → 원인강구 → 대책수립 → 대책실시계획 → 실시 → 평가

11

「산업안전보건법」상 사업장에 안전보건 관리규정을 작성하려 할 때 포함사항 4가지를 쓰시오.

① 안전 및 보건에 관한 관리조직과 그 직무에 관한 사항
② 안전보건교육에 관한 사항
③ 작업장의 안전 및 보건 관리에 관한 사항
④ 사고 조사 및 대책 수립에 관한 사항

12

「산업안전보건법」에 따른 다음 보기의 방독마스크에 관한 용어의 설명에 해당하는 용어를 각각 쓰시오.

> [보기]
> ① 대응하는 가스에 대하여 정화통 내부의 흡착제가 포화 상태가 되어 흡착력을 상실한 상태
> ② 방독마스크(복합형 포함)의 성능에 방진마스크의 성능이 포함된 방독마스크

① 파과
② 겸용 방독마스크

*방독마스크의 용어

용어	설명
파과	대응하는 가스에 대하여 정화통 내부의 흡착제가 포화상태가 되어 흡착능력을 상실한 상태
파과시간	어느 일정온도의 유해물질 등을 포함한 공기를 일정 유량으로 정화통에 통과하기 시작부터 파과가 보일 때 까지의 시간
파과곡선	파과시간과 유해물질 등에 대한 농도와의 관계를 나타낸 곡선
전면형 방독마스크	유해물질 등으로부터 안면부 전체(입, 코, 눈)를 덮을 수 있는 구조의 방독마스크
반면형 방독마스크	유해물질 등으로부터 안면부의 입과 코를 덮을 수 있는 구조의 방독마스크
복합용 방독마스크	두 종류 이상의 유해물질 등에 대한 제독 능력이 있는 방독마스크
겸용 방독마스크	방독마스크(복합용 포함)의 성능에 방진마스크의 성능이 포함된 방독마스크

13

A 사업장의 제품은 10000시간 동안 10개의 제품에 고장이 발생될 때 다음을 구하시오.
(단, 이 제품의 수명은 지수분포를 따른다.)

(1) 고장률[건/hr]
(2) 900시간동안 적어도 1개의 제품이 고장날 확률

(1)

$$고장률(\lambda) = \frac{고장건수}{총가동시간} = \frac{10}{10000} = 0.001건/hr$$

(2) 불신뢰도 = 1 − 신뢰도
$$= 1 - e^{-\lambda t} = 1 - e^{-(0.001 \times 900)} = 0.59$$

14

부탄(C_4H_{10})에 대한 각 물음에 답하시오.
(단, 부탄의 연소하한계는 $1.6 vol\%$이다.)

(1) 화학양론식(부탄의 연소반응식)
(2) 최소산소농도(MOC)[$vol\%$]

(1) $C_4H_{10} + 6.5O_2 \rightarrow 4CO_2 + 5H_2O$
　　(부탄)　　(산소)　　　(이산화탄소)　(물)
(2) MOC = 산소몰수 × 연소하한계
　　　 = $6.5 \times 1.6 = 10.4 vol\%$

01

「산업안전보건법」상 다음 보기의 교육 시간을 각각 쓰시오.

[보기]
① 안전관리자 보수교육
② 안전보건관리 책임자 보수교육
③ 사무직 종사 근로자의 정기교육
④ 일용근로자를 제외한 근로자의 채용 시의 교육
⑤ 일용근로자를 제외한 근로자의 작업내용변경 시의 교육

① 24시간 이상
② 6시간 이상
③ 매분기 3시간 이상
④ 8시간 이상
⑤ 2시간 이상

*안전보건관리책임자 등에 대한 교육

교육대상	교육시간	
	신규교육	보수교육
안전보건관리책임자	6시간 이상	6시간 이상
안전관리자, 안전관리전문기관의 종사자	34시간 이상	24시간 이상
보건관리자, 보건관리전문기관의 종사자	34시간 이상	24시간 이상
건설재해예방전문지도기관의 종사자	34시간 이상	24시간 이상
석면조사기관의 종사자	34시간 이상	24시간 이상
안전보건관리담당자	–	8시간 이상
안전검사기관, 자율안전검사기관의 종사자	34시간 이상	24시간 이상

*사업 내 안전보건교육

교육과정	교육대상	교육시간
정기교육	사무직 종사 근로자	매분기 3시간 이상
	판매업무에 직접 종사하는 근로자	매분기 3시간 이상
	판매업무 외에 종사하는 근로자	매분기 6시간 이상
	관리감독자의 지위에 있는 사람	연간 16시간 이상
채용 시의 교육	일용근로자	1시간 이상
	일용근로자를 제외한 근로자	8시간 이상
작업내용 변경 시의 교육	일용근로자	1시간 이상
	일용근로자를 제외한 근로자	2시간 이상
건설업기초 안전보건교육	건설 일용근로자	4시간 이상

02

「산업안전보건법」에 따른 색도기준 표의 빈칸을 채우시오.

색채	색도기준	용도
빨간색	(①)	금지
		경고
노란색	(②)	경고
파란색	(③)	지시
녹색	2.5G 4/10	안내
흰색	N9.5	
검은색	(④)	

① 7.5R 4/14
② 5Y 8.5/12
③ 2.5PB 4/10
④ N0.5

*안전・보건표지의 색채, 색도기준 및 용도

색채	색도기준	용도	사용례
빨간색	7.5R 4/14	금지	정지신호, 소화설비 및 그 장소, 유해행위의 금지
		경고	화학물질 취급장소의 유해・위험 경고
노란색	5Y 8.5/12	경고	화학물질 취급장소에서의 유해・위험경고 이외의 위험경고, 주의표지 또는 기계방호물
파란색	2.5PB 4/10	지시	특정 행위의 지시 및 사실의 고지
녹색	2.5G 4/10	안내	비상구 및 피난소, 사람 또는 차량의 통행표지
흰색	N9.5		파란색 또는 녹색에 대한 보조색
검은색	N0.5		문자 및 빨간색 또는 노란색에 대한 보조색

03

「산업안전보건법」에 따른 차광보안경의 종류 4가지를 쓰시오.

① 자외선용
② 적외선용
③ 복합용
④ 용접용

*사용구분에 따른 차광보안경의 종류

종류	사용구분
자외선용	자외선이 발생하는 장소
적외선용	적외선이 발생하는 장소
복합용	자외선 및 적외선이 발생하는 장소
용접용	산소용접작업등과 같이 자외선, 적외선 및 강렬한 가시광선이 발생하는 장소

04

「산업안전보건법」상 산업안전보건위원회의 심의·의결 사항 4가지를 쓰시오.

① 산업재해예방계획의 수립에 관한 사항
② 안전보건관리규정의 작성 및 변경에 관한 사항
③ 근로자의 안전·보건 교육에 관한 사항
④ 근로자의 건강진단 등 건강관리에 관한 사항
⑤ 작업환경측정 등 작업환경의 점검 및 개선에 관한 사항
⑥ 산업재해에 관한 통계의 기록 및 유지에 관한 사항

05

보일링 현상 방지대책 3가지 쓰시오.

① 지하수위 저하
② 지하수의 흐름 막기
③ 흙막이 벽을 깊이 설치

＊히빙·보일링 현상

현상	세부내용
히빙	굴착면 저면이 부풀어 오르는 현상이고, 연약한 점토지반을 굴착할 때 굴착배면의 토사중량이 굴착저면 이하의 지반지지력보다 클 때 발생한다. 방지대책) ① 흙막이벽의 근입장을 깊게 ② 흙막이벽 주변 과재하 금지 ③ 굴착저면 지반 개량 ④ Island Cut 공법 선정하여 굴착저면 하중 부여
보일링	굴착 저면과 굴착배면의 수위차로 인해 침수투압이 모래와 같이 솟아오르는 현상이고, 사질토 지반에서 주로 발생하며, 흙막이벽 하단의 지지력 감소 및 토립자 이동으로 흙막이 붕괴 및 주변지반 파괴의 원인이 된다. 방지대책) ① 흙막이벽을 깊이 설치 ② 지하수의 흐름 막기 ③ 지하수위 저하 등

06

다음 보기는 「산업안전보건법」상 의무안전 인증대상 기계·기구 및 설비, 방호장치 또는 보호구에 해당하는 것을 4가지만 골라 쓰시오.

> [보기]
> ① 안전대 ② 연삭기 덮개 ③ 파쇄기 ④ 산업용 로봇
> ⑤ 압력용기 ⑥ 양중기용 과부하방지장치
> ⑦ 교류아크용접기용 자동전격방지기 ⑧ 곤돌라
> ⑨ 동력식 수동대패용 칼날 접촉방지장치
> ⑩ 용접용 보안면

①, ⑤, ⑥, ⑧, ⑩

＊안전인증대상 기계·기구 등

기계·기구 및 설비	① 프레스 ② 전단기 및 절곡기 ③ 크레인 ④ 리프트 ⑤ 압력용기 ⑥ 롤러기 ⑦ 사출성형기 ⑧ 고소 작업대 ⑨ 곤돌라
방호장치	① 프레스 및 전단기 방호장치 ② 양중기용 과부하방지장치 ③ 보일러 압력방출용 안전밸브 ④ 압력용기 압력방출용 안전밸브 ⑤ 압력용기 압력방출용 파열판 ⑥ 절연용 방호구 및 활선작업용 기구 ⑦ 방폭구조 전기기계·기구 및 부품 ⑧ 추락·낙하 및 붕괴 등의 위험방지 및 보호에 필요한 가설기자재로서 고용노동부장관이 정하여 고시하는 것
보호구	① 추락 및 감전 위험방지용 안전모 ② 안전화 ③ 안전장갑 ④ 방진마스크 ⑤ 방독마스크 ⑥ 송기마스크 ⑦ 전동식 호흡보호구 ⑧ 보호복 ⑨ 안전대 ⑩ 차광 및 비산물 위험방지용 보안경 ⑪ 용접용 보안면 ⑫ 방음용 귀마개 또는 귀덮개

07

「산업안전보건법」에 따라 이상 화학반응 밸브의 막힘 등 이상상태로 인한 압력상승으로 당해설비의 최고 사용압력을 구조적으로 초과할 우려가 있는 화학설비 및 그 부속 설비에 안전밸브 또는 파열판을 설치하여야 할 때 반드시 파열판을 설치해야 하는 경우 2가지를 쓰시오.

① 반응 폭주 등 급격한 압력 상승 우려가 있는 경우
② 급성 독성물질의 누출로 인하여 주위의 작업환경을 오염시킬 우려가 있는 경우
③ 운전 중 안전밸브에 이상 물질이 누적되어 안전 밸브가 작동되지 아니할 우려가 있는 경우

08

다음 보기는 FT의 각 단계별 내용일 때 올바른 순서대로 번호를 나열하시오.

[보기]
① 정상사상의 원인이 되는 기초사상을 분석한다.
② 정상사상과의 관계는 논리게이트를 이용하여 도해한다.
③ 분석현상이 된 시스템을 정의한다.
④ 이전단계에서 결정된 사상이 조금 더 전개가 가능한지 검사한다.
⑤ 정성ㆍ정량적으로 해석 평가한다.
⑥ FT를 간소화한다.

③ → ① → ② → ④ → ⑥ → ⑤

*안전성 평가 6단계

단계	내용
1단계 : 관계자료의 작성준비	분석현상이 된 시스템을 정의한다.
2단계 : 정성적평가	정상사상의 원인이 되는 기초사상을 분석한다.
3단계 : 정량적평가	정상사상과의 관계는 논리게이트를 이용하여 도해한다.
4단계 : 안전대책 수립	이전단계에서 결정된 사상이 조금 더 전개가 가능한지 검사한다.
5단계 : 재해정보에 의한 재평가	FT를 간소화한다.
6단계 : FTA에 의한 재평가	정성ㆍ정량적으로 해석 평가한다.

09

「산업안전보건법」에 따라 비, 눈 그 밖의 악천후로 인하여 작업을 중지시킨 후 또는 비계를 조립ㆍ해체하거나 변경한 후 작업재개시 해당 작업시작 전 점검항목 4가지를 쓰시오.

① 발판 재료의 손상 여부 및 부착 또는 걸림 상태
② 해당 비계의 연결부 또는 접속부의 풀림 상태
③ 연결 재료 및 연결 철물의 손상 또는 부식 상태
④ 손잡이의 탈락 여부
⑤ 기둥의 침하, 변형, 변위 또는 흔들림 상태
⑥ 로프의 부착 상태 및 매단 장치의 흔들림 상태

10

「산업안전보건법」상 지게차 및 구내운반차 작업시작 전 점검사항 3가지를 쓰시오.

① 제동장치 및 조종장치 기능의 이상유무
② 하역장치 및 유압장치 기능의 이상유무
③ 바퀴의 이상유무
④ 전조등ㆍ후미등ㆍ방향지시기 및 경보장치 기능의 이상유무

11

「산업안전보건법」상 방호장치 프레스에 관한 설명 중 빈칸을 채우시오.

> [보기]
> - 광전자식 방호장치의 일반구조에 있어 정상동작표시램프는 (①)색, 위험표시램프는 (②)색으로 하며, 쉽게 근로자가 볼 수 있는 곳에 설치해야 한다.
>
> - 양수조작식 방호장치의 일반구조에 있어 누름버튼의 상호간 내측거리는 (③)mm 이상 이어야 한다.
>
> - 손쳐내기식 방호장치의 일반구조에 있어 슬라이드 하행정거리의 (④)위치 내에 손을 완전히 밀어내야 한다.
>
> - 수인식 방호장치의 일반구조에 있어 수인끈의 재료는 합성섬유로 직경이 (⑤)mm 이상이어야 한다.

① 녹 ② 적 ③ 300 ④ 3/4 ⑤ 4

12

「산업안전보건법」상 의무안전인증대상 보호구 중 안전화에 있어 성능구분에 따른 안전화의 종류 5가지를 쓰시오.

① 가죽제 안전화
② 고무제 안전화
③ 정전기 안전화
④ 발등 안전화
⑤ 절연화
⑥ 절연장화

13

A 사업장의 도수율이 12이고 지난 한해동안 12건의 재해로 인하여 15명의 재해자가 발생하여 총 휴업일수는 146일일 때 사업장의 강도율을 구하시오.
(단, 근로자는 1일 10시간씩 연간 250일 근무한다.)

$$도수율 = \frac{재해건수}{연근로 총시간수} \times 10^6 \text{ 에서,}$$

$$연근로 총시간수 = \frac{재해건수}{도수율} \times 10^6 = \frac{12}{12} \times 10^6 = 10^6 \text{시간}$$

$$\therefore 강도율 = \frac{근로손실일수}{연근로 총시간수} \times 10^3$$

$$= \frac{146 \times \frac{250}{365}}{10^6} \times 10^3 = 0.1$$

14

고장률이 1시간당 0.01로 일정한 기계가 있을 때 이 기계에서 처음 100시간동안 고장이 발생할 확률을 구하시오.

$$신뢰도 = e^{-\lambda t} = e^{-(0.01 \times 100)} = 0.37$$

$$\therefore 고장발생확률(불신뢰도) = 1 - 신뢰도 = 1 - 0.37 = 0.63$$

Memo

01

「산업안전보건법」상 경고표지의 종류 4가지를 쓰시오.

① 인화성물질 경고
② 산화성물질 경고
③ 폭발성물질 경고
④ 부식성물질 경고

*경고표지

인화성물질 경고	산화성물질 경고	폭발성물질 경고	급성독성 물질경고
부식성물질 경고	방사성물질 경고	고압전기 경고	매달린물체 경고
낙하물 경고	고온 경고	저온 경고	몸균형상실 경고
레이저광선 경고	위험장소 경고	발암성·변이원성·생식독성·전신독성·호흡기 과민성물질 경고

02

「산업안전보건법」에 따라 다음 보기를 참고 하여 다음 물음에 각각 2개씩 쓰시오.

[보기]
① 니트로글리세린 ② 리튬 ③ 황
④ 염소산칼륨 ⑤ 질산나트륨 ⑥ 셀룰로이드
⑦ 마그네슘분말 ⑧ 질산에스테르류

(1) 산화성액체 및 산화성고체
(2) 폭발성물질 및 유기과산화물

(1) ④, ⑤
(2) ①, ⑧

*해당 위험물의 종류

산화성액체 및 산화성고체	폭발성물질 및 유기과산화물
① 차아염소산 및 그 염류	
② 아염소산 및 그 염류	
③ 염소산 및 그 염류	① 질산에스테르
④ 과염소산 및 그 염류	② 니트로화합물
⑤ 브롬산 및 그 염류	③ 니트로소화합물
⑥ 요오드산 및 그 염류	④ 아조화합물
⑦ 과산화수소 및 무기 과산화물	⑤ 디아조화합물
	⑥ 하이드라진 유도체
⑧ 질산 및 그 염류	⑦ 유기과산화물
⑨ 과망간산 및 그 염류	
⑩ 중크롬산 및 그 염류	

03

「산업안전보건법」상 사다리식 통로 등을 설치하는 경우 준수사항 4가지를 쓰시오.

① 견고한 구조로 할 것
② 심한 손상·부식 등이 없는 재료를 사용할 것
③ 발판의 간격은 일정하게 할 것
④ 발판과 벽과의 사이는 15cm 이상의 간격을 유지할 것
⑤ 폭은 30cm 이상으로 할 것
⑥ 사다리가 넘어지거나 미끄러지는 것을 방지하기 위한 조치를 할 것
⑦ 사다리의 상단은 걸쳐놓은 지점으로부터 60cm 이상 올라가도록 할 것
⑧ 사다리식 통로의 길이가 10m 이상인 경우에는 5m 이내마다 계단참을 설치할 것
⑨ 사다리식 통로의 기울기는 75° 이하로 할 것
다만, 고정식 사다리식 통로의 기울기는 90° 이하로 하고, 그 높이가 7m 이상인 경우에는 바닥으로부터 높이가 2.5m 되는 지점부터 등받이울을 설치할 것
⑩ 접이식 사다리 기둥은 사용 시 접혀지거나 펼쳐지지 않도록 철물 등을 사용하여 견고하게 조치할 것

04

「산업안전보건법」상 물질안전보건자료(MSDS) 작성 시 포함사항 16가지 중 다음 제외사항을 뺀 4가지를 쓰시오.

[제외사항]
① 화학제품과 회사에 관한 정보
② 구성성분의 명칭 및 함유량
③ 취급 및 저장 방법
④ 물리화학적 특성
⑤ 폐기시 주의사항
⑥ 그 밖의 참고사항

① 유해성·위험성
② 응급조치요령
③ 폭발·화재시 대처방법
④ 누출사고시 대처방법
⑤ 노출방지 및 개인보호구

*물질안전보건자료(MSDS) 작성 시 포함사항 16가지
① 화학제품과 회사에 관한 정보
② 유해성·위험성
③ 구성성분의 명칭 및 함유량
④ 응급조치요령
⑤ 폭발·화재시 대처방법
⑥ 누출사고시 대처방법
⑦ 취급 및 저장방법
⑧ 노출방지 및 개인보호구
⑨ 물리화학적 특성
⑩ 안정성 및 반응성
⑪ 독성에 관한 정보
⑫ 환경에 미치는 영향
⑬ 폐기 시 주의사항
⑭ 운송에 필요한 정보
⑮ 법적규제 현황
⑯ 그 밖의 참고사항

05

다음 보기를 참고하여 「산업안전보건법」에 따라 산업 재해조사표를 작성하려할 때 산업 재해조사표의 주요 작성항목이 아닌 것 3가지를 고르시오.

[보기]
① 재해자의 국적 ② 재발방지계획 ③ 재해발생 일시
④ 고용형태 ⑤ 휴업예상일수 ⑥ 급여수준
⑦ 응급조치내역 ⑧ 작업지역·공정 ⑨ 재해자 복귀일시

⑥, ⑦, ⑨

*산업재해조사표[개정 2021.11.19]

06

다음 보기에서 기계설비의 설치에 있어 시스템 안전의 5단계를 순서에 맞게 나열하시오.

[보기]
① 조업단계
② 구상단계
③ 사양결정단계
④ 제작단계
⑤ 설계단계

② → ③ → ⑤ → ④ → ①

*기계설비 설치시 시스템 안전 5단계
① 구상단계
② 사양결정단계
③ 설계단계
④ 제작단계
⑤ 조업단계

07

다음 각각 이론의 5단계를 쓰시오.

(1) 하인리히 도미노 이론
(2) 아담스의 연쇄 이론

(1) 하인리히 도미노 이론
① 사회적 환경과 유전적인 요소
② 개인적 결함
③ 불안전한 행동 및 상태
④ 사고
⑤ 재해(상해)

(2) 아담스의 연쇄 이론
① 관리적 결함(관리 구조)
② 작전적 에러
③ 전술적 에러
④ 사고
⑤ 재해(상해)

재해발생 이론	단계	단계별 내용
하인리히 도미노 이론	1단계	사회적 환경과 유전적인 요소
	2단계	개인적 결함
	3단계	불안전한 행동 및 불안전한 상태
	4단계	사고
	5단계	재해(상해)
버드 신 도미노 이론	1단계	관리(통제)의 부족
	2단계	기본원인
	3단계	직접원인
	4단계	사고
	5단계	재해(상해)
아담스 연쇄 이론	1단계	관리적 결함(관리 구조)
	2단계	작전적 에러
	3단계	전술적 에러
	4단계	사고
	5단계	재해(상해)
웨버 사고 연쇄반응 이론	1단계	유전과 환경
	2단계	개인적 결함
	3단계	불안전한 행동 및 불안전한 상태
	4단계	사고
	5단계	재해(상해)

08

적응기제에서 다음 각 종류 2가지씩 쓰시오.

(1) 방어기제
(2) 도피기제

(1) 방어기제
 ① 투사 ② 승화 ③ 보상 ④ 합리화

(2) 도피기제
 ① 고립 ② 억압 ③ 퇴행 ④ 백일몽

09

다음 설명에 알맞은 방호장치를 각각 쓰시오.

[보기]
① 양중기에 정격하중 이상의 하중이 부과되었을 경우 자동적으로 감아올리는 동작을 정지하는 장치
② 양중기의 훅 등에 물건을 매달아 올릴 때 일정 높이 이상으로 감아올리는 것을 방지하는 장치

① 과부하방지장치 ② 권과방지장치

10

「산업안전보건법」상 다음 보기의 교육 시간을 각각 쓰시오.

[보기]
① 안전보건관리책임자 보수교육
② 안전보건관리책임자 신규교육
③ 안전관리자 신규교육
④ 건설재해예방전문지도기관 종사자 보수교육

① 6시간 이상
② 6시간 이상
③ 34시간 이상
④ 24시간 이상

*안전보건관리책임자 등에 대한 교육

교육대상	교육시간	
	신규교육	보수교육
안전보건관리책임자	6시간 이상	6시간 이상
안전관리자, 안전관리전문기관의 종사자	34시간 이상	24시간 이상
보건관리자, 보건관리전문기관의 종사자	34시간 이상	24시간 이상
건설재해예방전문지도기관의 종사자	34시간 이상	24시간 이상
석면조사기관의 종사자	34시간 이상	24시간 이상
안전보건관리담당자	-	8시간 이상
안전검사기관, 자율안전검사기관의 종사자	34시간 이상	24시간 이상

11

「산업안전보건법」상 안전보건총괄책임자 지정대상 사업으로 상시근로자 50명 이상 사업 2가지를 쓰시오.

① 선박 및 보트 건조업
② 1차 금속 제조업
③ 토사석 광업

*안전보건총괄책임자 지정대상 사업
① 상시근로자 50명 이상인 선박 및 보트 건조업, 1차 금속 제조업, 토사석 광업
② 상시근로자 100명 이상인 그 외 사업장
③ 총공사금액 20억원 이상인 건설업

12

다음을 각각 간단하게 서술하시오.

(1) Fool Proof
(2) Fail Safe

(1) 풀 프루프(Fool Proof)
: 인간의 실수가 발생하더라도, 기계설비가 안전하게 작동하는 것

(2) 페일 세이프(Fail Safe)
: 기계의 실수가 발생하더라도, 기계설비가 안전하게 작동하는 것

*페일 세이프(Fail Safe)의 기능적 분류

단계	세부내용
1단계 Fail Passive	부품이 고장나면 운행을 통상 정지
2단계 Fail Active	부품이 고장나면 기계는 경보를 울리는 가운데 짧은 시간동안 운전 가능
3단계 Fail Operational	부품에 고장이 있어서 기계는 추후의 보수가 될 때 까지 기능을 유지

13

다음 보기는 「산업안전보건법」상 압력 방출장치에 관한 내용일 때 빈칸을 채우시오.

[보기]
사업주는 보일러의 안전한 가동을 위하여 보일러 규격에 맞는 압력방출장치를 1개 또는 2개 이상 설치하고 (①) 이하에서 작동되도록 하여야 한다. 다만, 압력방출장치가 2개 이상 설치된 경우에는 (①) 이하에서 1개가 작동되고, 다른 압력방출장치는 (①)의 (②) 이하에서 작동되도록 부착하여야 한다.

① 최고사용압력 ② 1.05배

14

트랜지스터 5개와 저항 10개가 직렬로 연결되어 있으며, 트랜지스터 평균 고장률은 0.00002, 저항 평균 고장률은 0.0001일 때 다음을 구하시오.

(1) 회로의 시간이 1500시간일 때의 신뢰도
(2) 평균수명($MTBF$)[시간]

(1) 신뢰도 $= e^{-\lambda t}$
$= e^{-(0.00002 \times 5 + 0.0001 \times 10) \times 1500} = 0.19$

(2) $MTBF = \dfrac{1}{\lambda}$
$= \dfrac{1}{0.00002 \times 5 + 0.0001 \times 10} = 909.09$시간

01

「산업안전보건법」상 산업안전보건위원회의 근로자위원 자격 3가지를 쓰시오.

① 근로자 대표
② 근로자대표가 지명하는 1명 이상의 명예감독관
③ 근로자대표가 지명하는 9명 이내의 해당 사업장의 근로자

02

다음 보기의 FTA단계를 순서대로 나열하시오.

[보기]
① FT도 작성
② 재해원인 규명
③ 개선계획 작성
④ TOP 사상 정의
⑤ 개선안 실시계획

④ → ② → ① → ③ → ⑤

*FTA의 절차
1단계 : TOP 사상을 정의
2단계 : 사상의 재해 원인 규명
3단계 : FT도 작성
4단계 : 개선계획 작성
5단계 : 개선안 실시계획

03

다음 파동의 그래프를 보고 각 물음에 답 하시오.

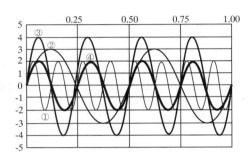

(1) 음의 높이가 가장 높은 음파의 종류와 그 이유
(2) 음의 강도가 가장 센 음파의 종류와 그 이유

(1) ① : 파형의 주기가 가장 짧다.
(2) ③ : 진폭이 가장 높다.

04

「산업안전보건법」상 공정안전보고서 제출대상이 되는 유해·위험설비가 아닌 시설·설비의 종류 2가지 쓰시오.

① 원자력 설비
② 군사시설
③ 차량 등의 운송설비
④ 도매·소매시설
⑤ 사업주가 해당 사업장 내에서 직접 사용하기 위한 난방용 연료의 저장설비 및 사용설비
⑥ 「액화석유가스의 안전관리 및 사업법」에 따른 액화석유가스의 충전·저장시설
⑦ 「도시가스사업법」에 따른 가스공급시설

05

다음 보기는 「산업안전보건법」에 따른 롤러기 급정지 장치 원주속도와 안전거리에 관한 내용일 때 빈칸을 채우시오.

> **[보기]**
> (①)$m/\min$ 이상 - 앞면 롤러 원주의 (②) 이내
> (③)$m/\min$ 미만 - 앞면 롤러 원주의 (④) 이내

① 30 ② $\dfrac{1}{2.5}$ ③ 30 ④ $\dfrac{1}{3}$

*급정지거리 기준

속도 기준	급정지거리 기준
30$m/\min$ 이상	앞면 롤러 원주의 $\dfrac{1}{2.5}$ 이내
30$m/\min$ 미만	앞면 롤러 원주의 $\dfrac{1}{3}$ 이내

06

「산업안전보건법」상 무재해운동을 추진하던 도중에 사고 또는 재해가 발생하더라도 무재해로 인정되는 경우 4가지를 쓰시오.

① 출·퇴근 도중 발생한 재해
② 제3자의 행위에 의한 업무상 재해
③ 운동경기 등 각종 행사 중 발생한 재해
④ 뇌혈관질환 또는 심장질환에 의한 재해
⑤ 업무시간 외 발생한 재해

07

「산업안전보건법」에 따른 크레인, 이동식크레인, 곤돌라의 공통 방호장치 4가지를 쓰시오.

① 권과방지장치
② 과부하방지장치
③ 제동장치
④ 비상정지장치

08

할로겐화합물에 소화기에 사용하는 할로겐원소의 연소 억제제의 종류 4가지를 쓰시오.

① 불소(F)
② 염소(Cl)
③ 브롬(Br)
④ 요오드(I)

*Halon 소화약제
Halon 소화약제의 Halon번호는 C, F, Cl, Br, I의 개수를 나타낸다.

*Halon 소화약제의 종류

명칭	분자식
Halon 1001	CH_3Br
Halon 10001	CH_3I
Halon 1011	CH_2ClBr
Halon 1211	CF_2ClBr
Halon 1301	CF_3Br
Halon 104	CCl_4
Halon 2402	$C_2F_4Br_2$

09

와이어로프의 꼬임형식 2가지를 쓰시오.

① 보통꼬임 ② 랭꼬임

10

「산업안전보건법」상 경고표지 중 "위험장소 경고표지"
를 그리시오.
(단, 색상표시는 글자로 나타내시오.)

바탕 : 노란색
도형 및 테두리 : 검정색

11

「산업안전보건법」상 자율검사프로그램의 인정을 취소
하거나 인정받은 자율검사프로그램의 내용에 따라
검사를 하도록 개선을 명할 수 있는 경우 2가지를 쓰
시오.

① 거짓이나 그 밖의 부정한 방법으로 자율검사
  프로그램을 인정받은 경우
② 자율검사프로그램을 인정받고도 검사를 하지
  아니한 경우
③ 인정받은 자율검사프로그램의 내용에 따라 검사를
  하지 아니한 경우

12

다음 보기를 참고하여 방폭구조의 표시를 쓰시오.

[보기]
- 방폭구조 : 용기 내 폭발 시 용기가 폭발 압력을 견디
  며 틈을 통해 냉각효과로 인하여 외부에 인화될 우려
  가 없는 구조

- 최대안전틈새 : 0.8mm

- 최고표면온도 : 90℃

Ex d ⅡB T5

*방폭구조의 종류와 기호

종류	내용
내압 방폭구조 (d)	용기 내 폭발 시 용기가 폭발 압력을 견디며 틈을 통해 냉각효과로 인하여 외부에 인화될 우려가 없는 구조
압력 방폭구조 (p)	용기 내에 보호가스를 압입시켜 폭발성 가스나 증기가 용기 내부에 유입되지 않도록 되어있는 구조
안전증 방폭구조 (e)	정상 운전 중에 점화원 방지를 위해 기계적, 전기적 구조상 혹은 온도 상승에 대해 안전도를 증가한 구조
유입 방폭구조 (o)	전기불꽃, 아크, 고온 발생 부분을 기름으로 채워 폭발성 가스 또는 증기에 인화되지 않도록 한 구조
본질안전 방폭구조 (ia, ib)	정상 동작 시, 사고 시(단선, 단락, 지락)에 폭발 점화원의 발생이 방지된 구조
비점화 방폭구조 (n)	정상 동작 시 주변의 폭발성 가스 또는 증기에 점화시키지 않고 점화 가능한 고장이 발생되지 않는 구조
몰드 방폭구조 (m)	전기불꽃, 고온 발생 부분은 컴파운드로 밀폐한 구조

*폭발등급

가스 그룹	최대안전틈새	가스 명칭
ⅡA	0.9mm 이상	프로판 가스
ⅡB	0.5mm 초과 0.9mm 미만	에틸렌 가스
ⅡC	0.5mm 이하	수소 또는 아세틸렌 가스

*방폭전기기기의 최고표면에 따른 분류

최고표면온도의 범위[℃]	온도등급
300 초과 450 이하	T1
200 초과 300 이하	T2
135 초과 200 이하	T3
100 초과 135 이하	T4
85 초과 100 이하	T5
85 이하	T6

13

다음 보기는 「산업안전보건법」상 타워크레인의 작업 중지에 관한 내용일 때 빈칸을 채우시오.

[보기]
- 운전작업을 중지하여야 하는 순간풍속 : (①)m/s
- 설치 · 수리 · 점검 또는 해체 작업 중지하여야 하는 순간풍속 : (②)m/s

① 15   ② 10

*타워크레인 · 이동식크레인 · 리프트 등 악천후 시 조치사항

풍속	조치사항
순간 풍속 매 초당 10m를 초과하는 경우 (풍속 10m/s 초과)	타워크레인의 설치 · 수리 · 점검 또는 해체작업을 중지
순간 풍속 매 초당 15m를 초과하는 경우 (풍속 15m/s 초과)	타워크레인, 이동식크레인, 리프트 등의 운전작업을 중지
순간 풍속 매 초당 30m를 초과하는 경우 (풍속 30m/s 초과)	옥외에 설치된 양중기를 사용하여 작업 하는 경우에는 미리 기계 각 부위에 이상이 있는지 점검
순간 풍속 매 초당 35m를 초과하는 경우 (풍속 35m/s 초과)	건설 작업용 리프트 및 승강기에 대하여 받침의 수를 증가시키거나 붕괴 등을 방지하기 위한 조치

14

A 사업장의 평균근로자수는 400명, 연간 80건의 재해 발생과 100명의 재해자 발생으로 인하여 근로손실일수 800일이 발생하였을 때 종합재해 지수(FSI)를 구하시오.
(단, 근무일수는 연간 280일, 근무시간은 1일 8시간이다.)

$$도수율 = \frac{재해건수}{연근로 \ 총시간수} \times 10^6$$
$$= \frac{80}{400 \times 8 \times 280} \times 10^6 = 89.29$$
$$강도율 = \frac{근로손실일수}{연근로 \ 총시간수} \times 10^3$$
$$= \frac{800}{400 \times 8 \times 280} \times 10^3 = 0.89$$
$$\therefore 종합재해지수 = \sqrt{도수율 \times 강도율}$$
$$= \sqrt{89.29 \times 0.89} = 8.91$$

01

「산업안전보건법」상 노사협의체 설치 대상기업 및 정기회의 개최주기를 각각 쓰시오.

① 노사협의체 설치대상기업
: 공사금액이 120억(토목공사업은 150억) 이상인 건설공사

② 정기회의 개최주기
: 2개월 마다

02

지게차 중량 1000kg이고, 지게차 안정성유지를 위한 허용 화물중량[kg]을 구하시오.
(단, a : 1.2m, b : 1.5m 이다.)

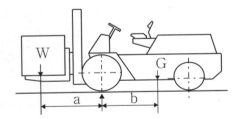

$W \times 1.2 \leq 1000 \times 1.5$
$W \leq \dfrac{1000 \times 1.5}{1.2}$
$W \leq 1250kg$
$\therefore W = 1250kg$

*지게차 무게중심 거리
$W \times a \leq G \times b$
$\begin{cases} W : \text{화물의 중량} \\ a : \text{앞바퀴에서 화물의 무게중심까지의 최단거리} \\ G : \text{지게차의 중량} \\ b : \text{앞바퀴에서 지게차의 무게중심까지의 최단거리} \end{cases}$

03

정전기 재해의 방지대책 5가지를 쓰시오.

① 가습
② 도전성 재료 사용
③ 대전 방지제 사용
④ 제전기 사용
⑤ 접지

04

「산업안전보건법」상 안전인증대상 기계·기구 등이 안전기준에 적합한지를 확인하기 위하여 안전인증 심사의 종류 3가지를 쓰시오.

① 예비심사
② 서면심사
③ 기술능력 및 생산체계 심사
④ 제품심사

*안전인증 심사의 종류·방법 및 심사기간

심사의 종류	방법	심사기간
예비 심사	기계 및 방호장치·보호구가 유해·위험기계등 인지를 확인하는 심사 (법 제84조제3항에 따라 안전인증을 신청한 경우만 해당한다)	7일
서면 심사	유해·위험기계등의 종류별 또는 형식별로 설계도면 등 유해·위험기계등의 제품기술과 관련된 문서가 안전인증기준에 적합한지에 대한 심사	15일 (외국에서 제조한 경우 30일)
기술 능력 및 생산 체계 심사	유해·위험기계등의 안전성능을 지속적으로 유지·보증하기 위하여 사업장에서 갖추어야 할 기술능력과 생산체계가 안전인증기준에 적합한지에 대한 심사	30일 (외국에서 제조한 경우 30일)
제품 심사	개별: 서면심사 결과가 안전인증기준에 적합할 경우에 유해·위험기계등 모두에 대하여 하는 심사	15일
	형식: 서면심사와 기술능력 및 생산체계 심사 결과가 안전인증기준에 적합할 경우에 유해·위험기계등의 형식별로 표본을 추출하여 하는 심사	30일 (일부 방호장치 보호구는 60일)

05

파블로프 조건반사설 학습의 원리 4가지를 쓰시오.

① 일관성의 원리
② 시간의 원리
③ 강도의 원리
④ 계속성의 원리

06

다음 보기는 「산업안전보건법」에 따른 급성독성물질에 대한 설명일 때 빈칸을 채우시오.

[보기]
- LD_{50}은 (①)mg/kg을 쥐에 대한 경구투입실험에 의하여 실험동물의 50%를 사망케한다.
- LD_{50}은 (②)mg/kg을 쥐 또는 토끼에 대한 경피흡수실험에 의하여 실험동물의 50%를 사망케한다.
- LC_{50}은 가스로 (③)ppm을 쥐에 대한 4시간 동안 흡입실험에 의하여 실험동물의 50%를 사망케한다.
- LC_{50}은 증기로 (④)mg/ℓ을 쥐에 대한 4시간 동안 흡입실험에 의하여 실험동물의 50%를 사망케한다.
- LC_{50}은 분진 또는 미스트로 (⑤)mg/ℓ을 쥐에 대한 4시간 동안 흡입실험에 의하여 실험동물의 50%를 사망케한다.

① 300　② 1000　③ 2500　④ 10　⑤ 1

*급성독성물질

분류	물질
LD_{50} (경구, 쥐)	$300mg/kg$ 이하
LD_{50} (경피, 토끼 또는 쥐)	$1000mg/kg$ 이하
가스 LC_{50} (쥐, 4시간 흡입)	$2500ppm$ 이하
증기 LC_{50} (쥐, 4시간 흡입)	$10mg/\ell$ 이하
분진, 미스트 LC_{50} (쥐, 4시간 흡입)	$1mg/\ell$ 이하

07

미국방성 위험성평가 중 위험도(MIL-STD-882B) 4가지를 쓰시오.

① 파국적
② 위기적(중대)
③ 한계적
④ 무시

*PHA의 식별원 4가지 카테고리
① 파국적 : 시스템 손상 및 사망
② 위기적(중대) : 시스템 중대 손상 및 작업자의 부상
③ 한계적 : 시스템 제어 가능 및 경미상해
④ 무시 : 시스템 및 인적손실 없음

08

시스템 안전 프로그램(SSPP)의 포함사항 4가지를 쓰시오.

① 안전조직
② 안전성 평가
③ 안전자료의 수집과 갱신
④ 안전기준
⑤ 안전해석
⑥ 계획의 개요
⑦ 계약조건
⑧ 관련부문과의 조정
⑨ 경과 및 결과의 보고

09

「산업안전보건법」상 관계자외 출입금지표지 종류 3가지를 쓰시오.

① 허가대상물질 작업장
② 석면취급 해체 작업장
③ 금지대상물질의 취급실험실 등

10

「산업안전보건법」상 굴착면에 높이가 $2m$ 이상이 되는 지반의 굴착작업을 하는 경우 작업장의 지형·지반 및 지층 상태 등에 대한 사전조사 후 작성하여야 하는 작업계획서의 포함사항 4가지를 쓰시오.

① 굴착방법 및 순서, 토사 반출 방법
② 필요한 인원 및 장비 사용계획
③ 매설물 등에 대한 이설·보호대책
④ 사업장 내 연락방법 및 신호방법
⑤ 흙막이 지보공 설치방법 및 계측계획
⑥ 작업지휘자의 배치계획

11

다음 보기는 「산업안전보건법」상 안전난간 설치 기준에 대한 설명일 때 빈칸을 채우시오.

[보기]
- 상부난간대 : 바닥면 · 발판 또는 경사로의 표면으로부터 (①)cm 이상
- 발끝막이판 : 바닥면 등으로부터 (②)cm 이상
- 난간대 : 지름 (③)cm 이상 금속제 파이프
- 하중 : (④)kg 이상 하중에 견딜 수 있는 튼튼한 구조

① 90   ② 10   ③ 2.7   ④ 100

*안전난간 설치기준
① 상부 난간대, 중간 난간대, 발끝막이판 및 난간 기둥으로 구성할 것.
② 상부 난간대는 바닥면 · 발판 또는 경사로의 표면으로부터 90cm 이상 지점에 설치하고, 상부 난간대를 120cm 이하에 설치하는 경우에는 중간 난간대는 상부 난간대와 바닥면등의 중간에 설치하여야 하며, 120cm 이상 지점에 설치하는 경우에는 중간 난간대를 2단 이상으로 균등하게 설치하고 난간의 상하 간격은 60cm 이하가 되도록 할 것. 다만, 계단의 개방된 측면에 설치된 난간기둥 간의 간격이 25cm 이하인 경우에는 중간 난간대를 설치하지 아니할 수 있다.
③ 발끝막이판은 바닥면등으로부터 10cm 이상의 높이를 유지할 것. 다만, 물체가 떨어지거나 날아올 위험이 없거나 그 위험을 방지할 수 있는 망을 설치하는 등 필요한 예방 조치를 한 장소는 제외한다.
④ 난간기둥은 상부 난간대와 중간 난간대를 견고하게 떠받칠 수 있도록 적정한 간격을 유지할 것
⑤ 상부 난간대와 중간 난간대는 난간 길이 전체에 걸쳐 바닥면등과 평행을 유지할 것.
⑥ 난간대는 지름 2.7cm 이상의 금속제 파이프나 그 이상의 강도가 있는 재료일 것.
⑦ 안전난간은 구조적으로 가장 취약한 지점에서 가장 취약한 방향으로 작용하는 100kg 이상의 하중에 견딜 수 있는 튼튼한 구조일 것.

12

다음 보기는 「산업안전보건법」상 신규 화학물질의 제조 및 수입 등에 관한 설명일 때 빈칸을 채우시오.

[보기]
신규화학물질을 제조하거나 수입하려는 자는 제조하거나 수입하려는 날 (①)일 전까지 신규화학물질 유해성 · 위험성 조사보고서에 따른 서류를 첨부하여 (②)에게 제출할 것

① 30   ② 고용노동부장관

13

다음 보기의 재해발생 형태를 각각 쓰시오.

[보기]
① 폭발과 화재 두 현상이 복합적으로 발생된 경우
② 재해 당시 바닥면과 신체가 떨어진 상태로 더 낮은 위치로 떨어진 경우
③ 재해 당시 바닥면과 신체가 접해있는 상태에서 더 낮은 위치로 떨어진 경우
④ 재해자가 넘어짐에 인하여 기계의 동력전달부위 등에 끼어서 신체부위가 절단된 경우

① 폭발   ② 떨어짐   ③ 넘어짐   ④ 끼임

*산업재해 명칭

명칭	내용
떨어짐	높이가 있는 곳에서 사람이 떨어짐
넘어짐	사람이 미끄러지거나 넘어짐
깔림	물체의 쓰러짐이나 뒤집힘
부딪힘	물체에 부딪힘
맞음	날아오거나 떨어진 물체에 맞음
무너짐	건축물이나 쌓인 물체가 무너짐
끼임	기계설비에 끼이거나 감김

14

프레스기의 SPM이 200이고, 클러치의 맞물림 개소수가 5개인 경우 양수기동식 방호장치의 안전거리 [mm]를 구하시오.

$$T_m = \left(\frac{1}{클러치개수} + \frac{1}{2} \right) \times \left(\frac{60000}{매분행정수} \right)$$
$$= \left(\frac{1}{5} + \frac{1}{2} \right) \times \left(\frac{60000}{200} \right) = 210ms$$

$$\therefore D_m = 1.6\,T_m = 1.6 \times 210 = 336mm$$

*안전거리[D]

$$D = 1.6\,T_m$$

$$T_m = \left(\frac{1}{클러치개수} + \frac{1}{2} \right) \times \left(\frac{60000}{매분행정수} \right)$$

$$\begin{cases} D : 안전거리[mm] \\ T_m : 총소요시간[ms] \end{cases}$$

Memo

01

다음 보기를 참고하여 「산업안전보건법」에 따라 산업 재해조사표를 작성하려 할 때 산업 재해조사표의 주요 작성항목이 아닌 것 3가지를 고르시오.

[보기]
① 발생일시 ② 목격자 인적사항 ③ 재해발생 당시 상황
④ 상해종류(질병명) ⑤ 고용형태 ⑥ 재해발생원인
⑦ 가해물 ⑧ 재발방지계획 ⑨ 재해발생후 첫 출근일자

②, ⑦, ⑨

*산업재해조사표[개정 2021.11.19]

02

「산업안전보건법」에 따라 철골작업을 중지 해야 하는 조건을 단위까지 정확히 쓰시오.

① 풍속 : $10m/s$ 이상인 경우
② 강우량 : $1mm/hr$ 이상인 경우
③ 강설량 : $1cm/hr$ 이상인 경우

*철골공사 작업의 중지 기준

종류	기준
풍속	초당 $10m$ 이상인 경우 ($10m/s$)
강우량	시간당 $1mm$ 이상인 경우 ($1mm/hr$)
강설량	시간당 $1cm$ 이상인 경우 ($1cm/hr$)

03

「산업안전보건법」에 따라 비, 눈 그 밖의 악천후로 인하여 작업을 중지시킨 후 또는 비계를 조립·해체하거나 변경한 후 작업재개 시 해당 작업시작 전 점검항목 4가지를 쓰시오.

① 발판 재료의 손상 여부 및 부착 또는 걸림 상태
② 해당 비계의 연결부 또는 접속부의 풀림 상태
③ 연결 재료 및 연결 철물의 손상 또는 부식 상태
④ 손잡이의 탈락 여부
⑤ 기둥의 침하, 변형, 변위 또는 흔들림 상태
⑥ 로프의 부착 상태 및 매단 장치의 흔들림 상태

04

「산업안전보건법」에 따라 산업용 로봇의 작동범위
내에서 해당 로봇에 대하여 교시 등의 작업 시 예기
치 못한 작동 또는 오조작에 의한 위험을 방지하기
위하여 수립해야 하는 지침사항 4가지를 쓰시오.
(단, 그 밖의 로봇의 예기치 못한 작동 또는 오조
작에의한 위험을 방지하기 위하여 필요한 조치는
제외하여 쓰시오.)

① 로봇의 조작방법 및 순서
② 작업 중의 매니퓰레이터의 속도
③ 2명 이상의 근로자에게 작업을 시킬 경우의 신호방법
④ 이상을 발견한 경우의 조치
⑤ 이상을 발견하여 로봇의 운전을 정지시킨 후 이를
　재가동 시킬 경우의 조치

05

사람이 작업할 때 느끼는 실효온도(체감온도)에 영향
을 주는 요인 3가지를 쓰시오.

① 기온　② 기류　③ 습도

06

정전기 재해의 방지대책 5가지를 쓰시오.

① 가습
② 도전성 재료 사용
③ 대전 방지제 사용
④ 제전기 사용
⑤ 접지

07

「산업안전보건법」상 물질안전보건자료(MSDS)의 작
성·비치대상에서 제외되는 화학물질 4가지를 쓰
시오.

① 「화장품법」에 따른 화장품
② 「농약관리법」에 따른 농약
③ 「폐기물관리법」에 따른 폐기물
④ 「비료관리법」에 따른 비료
⑤ 「사료관리법」에 따른 사료
⑥ 「생활주변방사선 안전관리법」에 따른 원료물질
⑦ 「생활화학제품 및 살생물질의 안전관리에 관한
　법률」에 따른 안전확인대상생활화학제품 및
　살생물제품 중 일반소비자의 생활용으로 제공
　되는 제품
⑧ 「식품위생법」에 따른 식품 및 식품첨가물
⑨ 「약사법」에 따른 의약품 및 의약외품
⑩ 「위생용품 관리법」에 따른 위생용품
⑪ 「원자력안전법」에 따른 방사성물질
⑫ 「의료기기법」에 따른 의료기기
⑬ 「총포·도검·화약류 등의 안전관리에 관한 법률」에
　따른 화약류
⑭ 「마약류 관리에 관한 법률」에 따른 마약 및
　향정신성의약품
⑮ 「건강기능식품에 관한 법률」에 따른 건강기능
　식품
⑯ 「첨단재생의료 및 첨단바이오의약품 안전 및
　지원에 관한 법률」에 따른 첨단바이오의약품

08

「산업안전보건법」상 사업주는 압력용기 등을 식별 할
수 있도록 하기 위하여 그 압력용기 등에 표시가 지워
지지 않도록 각인 표시된 것을 사용하여야 할 때 표
시사항 3가지를 쓰시오.

① 최고사용압력
② 제조연월일
③ 제조회사명

09

「산업안전보건법」에 따른 차광보안경의 종류 4가지를 쓰시오.

① 자외선용
② 적외선용
③ 복합용
④ 용접용

*사용구분에 따른 차광보안경의 종류

종류	사용구분
자외선용	자외선이 발생하는 장소
적외선용	적외선이 발생하는 장소
복합용	자외선 및 적외선이 발생하는 장소
용접용	산소용접작업등과 같이 자외선, 적외선 및 강렬한 가시광선이 발생하는 장소

10

「산업안전보건법」상 공정안전보고서의 내용 중 공정위험성 평가서에 적용하는 위험성 평가기법에 있어 "저장탱크설비, 유틸리티설비 및 제조공정 중 고체건조·분쇄설비" 등 간단한 단위공정에 대한 위험성 평가기법 4가지를 쓰시오.

① 체크리스트(Check List)
② 작업자실수분석기법(HEA)
③ 사고예상질문분석기법(What-if)
④ 위험과 운전분석기법(HAZOP)
⑤ 상대 위험순위결정기법(DMI)
⑥ 공정위험분석기법(PHR)
⑦ 공정안정성분석기법(K-PSR)

*공정위험성 평가서에 적용하는 단위공정에 대한 위험성 평가기법

저장탱크, 유틸리티설비 및 제조공정 중 고체건조·분쇄설비	제조공정 중 반응, 분리(증류, 추출 등), 이송시스템 및 전기·계장시스템
① 체크리스트 (Check List)	① 결함수 분석 (FTA)
② 작업자실수분석기법 (HEA)	② 사건수 분석 (ETA)
③ 사고예상질문분석기법 (What-if)	③ 이상위험도 분석 (FMECA)
④ 위험과 운전분석기법 (HAZOP)	④ 위험과 운전분석기법 (HAZOP)
⑤ 상대 위험순위결정기법 (DMI)	⑤ 원인결과 분석 (CCA)
⑥ 공정위험분석기법 (PHR)	⑥ 공정위험분석기법 (PHR)
⑦ 공정안정성분석기법 (K-PSR)	

11

다음 보기의 공업용 가스 용기의 색채를 각각 쓰시오.

[보기]
① 산소 ② 암모니아 ③ 아세틸렌 ④ 질소

① 산소 - 녹색
② 암모니아 - 백색
③ 아세틸렌 - 황색
④ 질소 - 회색

*공업용 용기의 도색

고압가스	도색
산소	녹색
수소	주황색
염소	갈색
탄산가스	청색
석유가스 or 질소	회색
아세틸렌	황색
암모니아	백색

12

「산업안전보건법」상 다음 보기의 교육 시간을 각각 쓰시오.

```
[보기]
① 안전관리자 보수교육
② 보건관리자 신규교육
③ 안전보건관리책임자 보수교육
④ 건설재해예방전문지도기관 종사자 보수교육
```

① 24시간 이상
② 34시간 이상
③ 6시간 이상
④ 24시간 이상

*안전보건관리책임자 등에 대한 교육

교육대상	교육시간	
	신규교육	보수교육
안전보건관리책임자	6시간 이상	6시간 이상
안전관리자, 안전관리전문기관의 종사자	34시간 이상	24시간 이상
보건관리자, 보건관리전문기관의 종사자	34시간 이상	24시간 이상
건설재해예방전문지도 기관의 종사자	34시간 이상	24시간 이상
석면조사기관의 종사자	34시간 이상	24시간 이상
안전보건관리담당자	–	8시간 이상
안전검사기관, 자율안전검사기관의 종사자	34시간 이상	24시간 이상

13

다음 보기를 각각 Omission error와 Commission error로 분류하시오.

```
[보기]
① 납 접합을 빠뜨렸다.
② 전선의 연결이 바뀌었다.
③ 부품을 빠뜨렸다.
④ 부품이 거꾸로 배열되었다.
⑤ 알맞지 않은 부품을 사용하였다.
```

① Omission error
② Commission error
③ Omission error
④ Commission error
⑤ Commission error

*독립행동에 관한 분류

에러의 종류	내용
생략 에러 (Omission error)	필요 직무 또는 절차를 수행하지 않음
수행 에러 (Commission error)	필요 직무 또는 절차의 불확실한 수행
시간 에러 (Time error)	필요 직무 또는 절차의 수행지연
순서 에러 (Sequential error)	필요 직무 또는 절차의 순서 잘못 판단
불필요한 에러 (Extraneous error)	불필요한 직무 또는 절차를 수행

14

A 사업장의 평균근로자수는 540명, 연간 12건의 재해 발생과 15명의 재해자 발생으로 인하여 근로손실일수 6500일이 발생하였을 때 다음을 구하시오. (단, 근무일수는 연간 280일, 근무시간은 1일 9시간이다.)

(1) 도수율
(2) 강도율
(3) 연천인율
(4) 종합재해지수

(1) 도수율 $= \dfrac{재해건수}{연근로\ 총시간수} \times 10^6$

$= \dfrac{12}{540 \times 9 \times 280} \times 10^6 = 8.82$

(2) 강도율 $= \dfrac{근로손실일수}{연근로\ 총시간수} \times 10^3$

$= \dfrac{6500}{540 \times 9 \times 280} \times 10^3 = 4.78$

(3) 연천인율 $= \dfrac{재해자수}{연평균\ 근로자수} \times 10^3$

$= \dfrac{15}{540} \times 10^3 = 27.78$

(4) 종합재해지수 $= \sqrt{도수율 \times 강도율}$

$= \sqrt{8.82 \times 4.78} = 6.49$

Memo

01

「산업안전보건법」에 따른 공정안전보고서 내용 중 안전작업허가 지침에 포함되어야 하는 위험작업의 종류 5가지를 쓰시오.

① 화기작업
② 일반위험작업
③ 밀폐공간 출입작업
④ 정전작업
⑤ 굴착작업
⑥ 방사선 사용작업

02

다음 표의 HAZOP 기법에 사용되는 가이드워드의 의미를 각각 쓰시오.

가이드워드	의미
As Well As	①
Part Of	②
Other Than	③
Reverse	④

① 성질상의 증가
② 성질상의 감소
③ 완전한 대체의 사용
④ 설계의도의 논리적인 역

*HAZOP 기법에 사용되는 가이드워드

가이드워드	의미
As Well As	성질상의 증가
Part Of	성질상의 감소
Other Than	완전한 대체의 사용
Reverse	설계의도의 논리적인 역
Less	양의 감소
More	양의 증가
No or Not	설계의도의 완전한 부정

03

「산업안전보건법」상 사업주는 잠함 또는 우물통의 내부에서 근로자가 굴착작업을 하는 경우에 잠함 또는 우물통의 급격한 침하에 의한 위험을 방지하기 위하여 준수하여야 할 사항 2가지를 쓰시오.

① 침하관계도에 따른 굴착방법 및 재하량 등을 정할 것
② 바닥으로부터 천장 또는 보까지의 높이는 $1.8m$ 이상으로 할 것

04

「산업안전보건법」상 안전보건총괄책임자의 직무 4가지를 쓰시오.

① 위험성 평가의 실시에 관한 사항
② 작업의 중지
③ 도급 시 산업재해 예방조치
④ 산업안전보건관리비의 관계수급인 간의 사용에 관한 협의·조정 및 그 집행의 감독
⑤ 안전인증대상기계등과 자율안전확인대상기계등의 사용 여부 확인

05

「산업안전보건법」상 사업주는 공사용 가설도로를 설치하는 경우 준수사항 3가지를 쓰시오.

① 도로는 장비와 차량이 안전하게 운행할 수 있도록 견고하게 설치할 것
② 도로와 작업장이 접하여 있을 경우에는 울타리 등을 설치할 것
③ 도로는 배수를 위하여 경사지게 설치하거나 배수시설을 설치할 것
④ 차량의 속도제한 표지를 부착할 것

06

「산업안전보건법」상 방사선 업무와 관계되는 작업(의료 및 실험용은 제외)에 종사하는 근로자에게 실시하여야 하는 특별 안전보건 교육 내용 4가지를 쓰시오.

① 방사선의 유해·위험 및 인체에 미치는 영향
② 방사선의 측정기기 기능의 점검에 관한 사항
③ 방호거리·방호벽 및 방사선물질의 취급 요령에 관한 사항
④ 응급처치 및 보호구 착용에 관한 사항

07

「산업안전보건법」상 지상높이가 $31m$ 이상 되는 건축물을 건설하는 공사현장에서 건설 공사 유해·위험방지계획서를 작성하여 제출하고자 할 때 첨부하여야 하는 작업공종별 유해방지계획의 해당 작업공사의 종류 4가지를 쓰시오.

① 가설공사　　② 구조물공사　　③ 마감공사
④ 기계 설비공사　　⑤ 해체공사

08

「산업안전보건법」상 아세틸렌용접장치 검사시 안전기의 설치위치를 확인하려할 때 안전기의 설치위치 3곳을 쓰시오.

① 취관
② 분기관
③ 발생기와 가스용기 사이

09

다음 양립성에 대한 예시를 들어 설명하시오.

(1) 공간 양립성
(2) 운동 양립성

(1) 오른쪽 버튼을 누르면 오른쪽 기계가 작동한다.
(2) 조작장치를 시계방향으로 회전하면 기계가 오른쪽으로 이동한다.

*양립성
: 자극-반응 조합의 관계에서 인간의 기대와 모순 되지 않는 성질

종류	정의 및 예시
운동 양립성	조작장치 방향과 기계의 움직이는 방향이 일치 ex) 조작장치를 시계방향으로 회전하면 기계가 오른쪽으로 이동한다.
공간 양립성	공간적 배치가 인간의 기대와 일치 ex) 오른쪽 버튼 누르면 오른쪽 기계가 작동한다.
개념 양립성	인간이 가지고 있는 개념적 연상과 일치 ex) 붉은색 손잡이는 온수, 푸른색 손잡이는 냉수이다.
양식 양립성	직무에 알맞은 자극과 응답양식의 존재 ex) 기계가 특정 음성에 대해 정해진 반응을 하는 것.

10

다음 보기를 참고하여 다음 재해발생이론에 해당하는
번호를 각각 나열하시오.

```
[보기]
① 사회적 환경 및 유전적 요소(유전과 환경)
            ② 기본원인
③ 불안전한 행동 및 불안전한 상태(직접원인)
      ④ 작전적 에러        ⑤ 사고
⑥ 재해(상해)    ⑦ 관리(통제)의 부족    ⑧ 개인적 결함
      ⑨ 관리적 결함(관리 구조)    ⑩ 전술적 에러
```

(1) 하인리히 도미노 이론
(2) 버드 신 도미노 이론
(3) 아담스 연쇄 이론
(4) 웨버 사고 연쇄반응 이론

(1) 하인리히 : ①, ⑧, ③, ⑤, ⑥
(2) 버드 : ⑦, ②, ③, ⑤, ⑥
(3) 아담스 : ⑨, ④, ⑩, ⑤, ⑥
(4) 웨버 : ①, ⑧, ③, ⑤, ⑥

*재해발생 이론

재해발생 이론	단계	단계별 내용
하인리히 도미노 이론	1단계	사회적 환경과 유전적인 요소
	2단계	개인적 결함
	3단계	불안전한 행동 및 불안전한 상태
	4단계	사고
	5단계	재해(상해)
버드 신 도미노 이론	1단계	관리(통제)의 부족
	2단계	기본원인
	3단계	직접원인
	4단계	사고
	5단계	재해(상해)
아담스 연쇄 이론	1단계	관리적 결함(관리 구조)
	2단계	작전적 에러
	3단계	전술적 에러
	4단계	사고
	5단계	재해(상해)
웨버 사고 연쇄반응 이론	1단계	유전과 환경
	2단계	개인적 결함
	3단계	불안전한 행동 및 불안전한 상태
	4단계	사고
	5단계	재해(상해)

11

「산업안전보건법」상 의무안전인증대상 보호구 중 안전
화에 있어 성능구분에 따른 안전화의 종류 5가지를
쓰시오.

① 가죽제 안전화
② 고무제 안전화
③ 정전기 안전화
④ 발등 안전화
⑤ 절연화
⑥ 절연장화
⑦ 화학물질용 안전화

12

「산업안전보건법」상 안전인증대상 기계·기구 등이 안전기준에 적합한지를 확인하기 위하여 안전인증 심사의 종류 3가지를 쓰시오.

① 예비심사
② 서면심사
③ 기술능력 및 생산체계 심사
④ 제품심사

*안전인증 심사의 종류·방법 및 심사기간

심사의 종류	방법	심사기간
예비 심사	기계 및 방호장치·보호구가 유해·위험기계등 인지를 확인 하는 심사 (법 제84조제3항에 따라 안전 인증을 신청한 경우만 해당 한다)	7일
서면 심사	유해·위험기계등의 종류별 또는 형식별로 설계도면 등 제품기술과 관련된 문서가 안전인증기준 에 적합한지에 대한 심사	15일 (외국에서 제조한 경우 30일)
기술 능력 및 생산 체계 심사	유해·위험기계등의 안전성능 을 지속적으로 유지·보증하기 위하여 사업장에서 갖추어야 할 기술능력과 생산체계가 안전 인증기준에 적합한지에 대한 심사	30일 (외국에서 제조한 경우 30일)
제품 심사	개별	서면심사 결과가 안전 인증기준에 적합할 경우 에 유해·위험기계등 모두에 대하여 하는 심사	15일
	형식	서면심사와 기술능력 및 생산체계 심사 결과가 안전인증기준에 적합할 경우에 유해·위험기계 등의 형식별로 표본을 추출하여 하는 심사	30일 (일부 방호장치 보호구는 60일)

13

DALZIEL의 관계식을 이용하여 심실세동을 일으킬 수 있는 에너지[J]를 구하시오.
(단, 인체의 전기저항 500Ω, 통전시간 1초이다.)

$$Q = I^2RT$$
$$= \left(\frac{165 \times 10^{-3}}{\sqrt{T}}\right)^2 \times R \times T$$
$$= \left(\frac{165 \times 10^{-3}}{\sqrt{1}}\right)^2 \times 500 \times 1 = 13.61J$$

$\begin{cases} Q : \text{심실세동을 일으킬 수 있는 에너지}[J] \\ R : \text{저항}[\Omega] \\ T : \text{시간}[sec] \ (\text{주어지지 않으면 } T=1sec) \end{cases}$

14

$1000rpm$으로 회전하는 앞면 롤러의 지름이 $50cm$인 롤러기가 있을 때 다음을 구하시오.

(1) 앞면 롤러의 표면속도[m/min]
(2) (1)의 관련 규정에 따른 급정지거리[cm]

(1) $V = \pi DN = \pi \times 0.5 \times 1000 = 1570.8m/min$
$\begin{cases} V : \text{원주속도}[m/min] \\ D : \text{지름}[m] \\ N : \text{회전수}[rpm] \end{cases}$

(2) 급정지거리 $= \pi D \times \frac{1}{2.5}$
$$= \pi \times 50 \times \frac{1}{2.5} = 62.83cm$$

*급정지거리 기준

속도 기준	급정지거리 기준
$30m/min$ 이상	앞면 롤러 원주의 $\frac{1}{2.5}$ 이내
$30m/min$ 미만	앞면 롤러 원주의 $\frac{1}{3}$ 이내

01

「산업안전보건법」에 따라 비, 눈 그 밖의 악천후로 인
하여 작업을 중지시킨 후 또는 비계를 조립·해체
하거나 변경한 후 작업재개 시 해당 작업시작 전
점검항목 4가지를 쓰시오.

① 발판 재료의 손상 여부 및 부착 또는 걸림 상태
② 해당 비계의 연결부 또는 접속부의 풀림 상태
③ 연결 재료 및 연결 철물의 손상 또는 부식 상태
④ 손잡이의 탈락 여부
⑤ 기둥의 침하, 변형, 변위 또는 흔들림 상태
⑥ 로프의 부착 상태 및 매단 장치의 흔들림 상태

02

프라이밍 발생원인 3가지를 쓰시오.

① 관수의 농축
② 주증기 밸브의 급개
③ 부하의 급격한 변화
④ 관수의 수위가 적정선보다 높을 때

*프라이밍 방지법
① 비수방지관 설치한다.
② 주증기밸브를 천천히 연다.
③ 보일러 고수위 운전을 방지한다.
④ 관수중에 불순물, 농축수를 제거한다.

03

「산업안전보건법」상 사업주는 화학설비 또는 그 배
관의 밸브나 콕에 내구성이 있는 재료를 선정할 때
고려사항 4가지를 쓰시오.

① 개폐의 빈도
② 위험물질등의 종류
③ 위험물질등의 온도
④ 위험물질등의 농도

04

d IIA T4를 설명하시오.

① d : 내압방폭구조
② IIA : 폭발등급
③ T4 : 온도등급

*방폭구조의 종류와 기호

종류	내용
내압 방폭구조 (d)	용기 내 폭발 시 용기가 폭발 압력을 견디며 틈을 통해 냉각효과로 인하여 외부에 인화될 우려가 없는 구조
압력 방폭구조 (p)	용기 내에 보호가스를 압입시켜 폭발성 가스나 증기가 용기 내부에 유입되지 않도록 되어있는 구조
안전증 방폭구조 (e)	정상 운전 중에 점화원 방지를 위해 기계적, 전기적 구조상 혹은 온도 상승에 대해 안전도를 증가한 구조
유입 방폭구조 (o)	전기불꽃, 아크, 고온 발생 부분을 기름으로 채워 폭발성 가스 또는 증기에 인화되지 않도록 한 구조
본질안전 방폭구조 (ia, ib)	정상 동작 시, 사고 시(단선, 단락, 지락)에 폭발 점화원의 발생이 방지된 구조
비점화 방폭구조 (n)	정상 동작 시 주변의 폭발성 가스 또는 증기에 점화시키지 않고 점화 가능한 고장이 발생되지 않는 구조
몰드 방폭구조 (m)	전기불꽃, 고온 발생 부분은 컴파운드로 밀폐한 구조

*폭발등급

가스 그룹	최대안전틈새	가스 명칭
IIA	0.9mm 이상	프로판 가스
IIB	0.5mm 초과 0.9mm 미만	에틸렌 가스
IIC	0.5mm 이하	수소 또는 아세틸렌 가스

*방폭전기기기의 최고표면에 따른 분류

최고표면온도의 범위[℃]	온도등급
300 초과 450 이하	T1
200 초과 300 이하	T2
135 초과 200 이하	T3
100 초과 135 이하	T4
85 초과 100 이하	T5
85 이하	T6

05

「산업안전보건법」상 사업주는 위험물질을 제조·취급하는 바닥면의 가로 및 세로가 각 3m 이상인 작업장과 그 작업장이 있는 건축물에 따른 출입구 외에 안전한 장소로 대피할 수 있는 비상구 1개 이상을 아래와 같은 구조로 설치하여야 할 때 빈칸을 채우시오.

> [보기]
> - 출입구와 같은 방향에 있지 아니하고, 출입구로부터 (①)m 이상 떨어져 있을 것
> - 작업장의 각 부분으로부터 하나의 비상구 또는 출입구까지의 수평거리가 (②)m 이하가 되도록 할 것
> - 비상구의 너비는 (③)m 이상으로 하고, 높이는 (④)m 이상으로 할 것

① 3　② 50　③ 0.75　④ 1.5

*비상구의 설치
① 출입구와 같은 방향에 있지 아니하고, 출입구로부터 3m 이상 떨어져 있을 것
② 작업장의 각 부분으로부터 하나의 비상구 또는 출입구까지의 수평거리가 50m 이하가 되도록 할 것
③ 비상구의 너비는 0.75m 이상으로 하고, 높이는 1.5m 이상으로 할 것
④ 비상구의 문은 피난 방향으로 열리도록 하고, 실내에서 항상 열 수 있는 구조로 할 것

06

다음 보기 중에서 인간과오 불안전 분석 기능 도구 4가지를 고르시오.

> [보기]
> ① FTA　② ETA　③ HAZOP　④ THERP
> ⑤ CA　⑥ FMEA　⑦ PHA　⑧ MORT

①, ②, ④, ⑧

07

「산업안전보건법」상 밀폐된 장소에서 하는 용접작업 또는 습한 장소에서 하는 전기용접 작업시 특별안전보건교육을 실시할 때 교육내용 4가지를 쓰시오.

① 작업순서, 안전작업방법 및 수칙에 관한 사항
② 환기설비에 관한 사항
③ 전격 방지 및 보호구 착용에 관한 사항
④ 질식 시 응급조치에 관한 사항
⑤ 작업환경 점검에 관한 사항

08

「산업안전보건법」상 다음 보기에서 필요한 안전관리자의 최소 인원을 각각 쓰시오.

```
                    [보기]
① 펄프 제조업 – 상시근로자 600명
② 고무제품 제조업 – 상시근로자 300명
③ 우편•통신업 – 상시근로자 500명
④ 건설업 – 공사금액 700억
```

① 2명   ② 1명   ③ 1명   ④ 1명

*안전관리자 최소인원
① 펄프 제조업
: 50명 이상 500명 미만 – 1명, 500명 이상 – 2명

② 고무제품 제조업
: 50명 이상 500명 미만 – 1명, 500명 이상 – 2명

③ 우편•통신업
: 50명 이상 1000명 미만 – 1명, 1000명 이상 – 2명

④ 건설업
: 공사금액 50억~800억 미만 – 1명, 800억 이상 – 2명

09

「산업안전보건법」상 산업재해를 예방하기 위하여 필요하다고 인정하는 산업재해 발생 건수 및 재해율 또는그 순위 등을 공표할 수 있는 대상사업장의 종류 2가지를 쓰시오.

① 산업재해로 인한 사망자가 연간 2명 이상 발생한 사업장
② 사망만인율이 규모별 같은 업종의 평균 사망만인율 이상인 사업장
③ 중대산업사고가 발생한 사업장
④ 산업재해 발생 사실을 은폐한 사업장
⑤ 산업재해의 발생에 관한 보고를 최근 3년 이내 2회 이상 하지 않은 사업장

10

다음 기계설비에 형성되는 위험점을 각각 쓰시오.

그림	명칭
	(①)
	(②)
	(③)
	(④)

① 접선 물림점
② 회전 말림점
③ 끼임점
④ 절단점

*기계설비의 6가지 위험점

위험점	그림	설명
협착점		왕복운동을 하는 동작 부분과 움직임이 없는 고정 부분 사이에 형성되는 위험점 ex) 프레스전단기, 성형기, 조형기 등
끼임점		고정 부분과 회전하는 동작 부분이 함께 만드는 위험점 ex) 연삭숫돌과 하우스, 교반기 날개와 하우스, 왕복 운동을 하는 기계 등
절단점		회전하는 운동 부분 자체의 위험에서 초래되는 위험점 ex) 목공용 띠톱부분, 밀링 커터부분 등
물림점		서로 반대방향으로 맞물려 회전하는 2개의 회전체에 물려 들어가는 위험점 ex) 기어, 롤러 등
접선 물림점		회전하는 부분의 접선 방향으로 물려 들어가는 위험점 ex) V벨트풀리, 평벨트, 체인과 스프로킷 등
회전 말림점		회전하는 물체에 작업복 등이 말려드는 위험점 ex) 회전축, 커플링, 드릴 등

11

「산업안전보건법」에 따른 다음 보기의 빈칸을 각각 채우시오.

> **[보기]**
> - 사업주는 순간풍속이 (①)m/s를 초과하는 바람이 불어올 우려가 있는 경우 옥외에 설치되어 있는 주행 크레인에 대하여 이탈방지장치를 작동시키는 등 이탈방지를 위한 조치를 하여야 한다.
> - 사업주는 겐트리 크레인 등과 같이 작업장 바닥에 고정된 레일을 따라 주행하는 크레인의 새들(saddle) 돌출부와 주변 구조물 사이의 안전공간이 (②)cm 이상 되도록 바닥에 표시를 하는 등 안전공간을 확보하여야 한다.
> - 양중기에 대한 권과방지장치는 훅·버킷 등 달기구의 윗면이 드럼, 상부 도르래, 트롤리프레임 등 권상장치의 아랫면과 접촉할 우려가 있는 경우에 그 간격이 (③) m 이상, 작동식 권과방지장치는 (④)m 이상이 되도록 조정하여야 한다.

① 30   ② 40   ③ 0.25   ④ 0.05

12

「산업안전보건법」상 안전보건 표지 중 "응급구호표지"를 그리시오.
(단, 색상표시는 글자로 나타내시오.)

바탕 : 녹색
도형 : 흰색

13

A 사업장의 근로자수가 3월말 300명 6월말 320명 9월말 270명 12월말 260명이고, 연간 15건의 재해발생으로 인한 휴업일수 288일이 발생하였을 때 다음을 구하시오.
(단, 근무시간은 1일 8시간, 근무일수는 연간 280일이다.)

(1) 도수율
(2) 강도율

(1) 평균근로자수
$$= \frac{300+320+270+260}{4} = 287.5 ≒ 288명$$

$$도수율 = \frac{재해건수}{연근로 총시간수} \times 10^6$$
$$= \frac{15}{288 \times 8 \times 280} \times 10^6 = 23.25$$

(2) 강도율 $= \dfrac{근로손실일수}{연근로 총시간수} \times 10^3$
$$= \frac{288 \times \frac{280}{365}}{288 \times 8 \times 280} \times 10^3 = 0.34$$

14

다음 FT도에서 정상사상 T의 고장 발생 확률을
구하시오.
(단, 발생확률은 각각 0.1이다.)

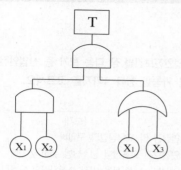

$T = (①, ②) \binom{①}{③} = (①, ②, ①), (①, ②, ③)$

컷셋 : (①, ②), (①, ②, ③)
미니멀 컷셋 : (①, ②)

중복사상이 있을경우 미니멀 컷셋이
전체시스템 발생확률이다.

$\therefore T = 0.1 \times 0.1 = 0.01$

01

「산업안전보건법」상 충전전로에 대한 접근 한계거리를 쓰시오.

충전전로의 선간전압	충전전로에 대한 접근 한계거리
380 V	(①)
1.5kV	(②)
6.6kV	(③)
22.9kV	(④)

① 30cm
② 45cm
③ 60cm
④ 90cm

*충전전로 한계거리

충전전로의 선간전압 [단위 : kV]	충전전로에 대한 접근한계거리 [단위 : cm]
0.3 이하	접촉금지
0.3 초과 0.75 이하	30
0.75 초과 2 이하	45
2 초과 15 이하	60
15 초과 37 이하	90
37 초과 88 이하	110
88 초과 121 이하	130

02

「산업안전보건법」상 다음 보기 중 산업안전 관리비로 사용 가능한 항목 4가지를 고르시오.

[보기]
① 면장갑 및 코팅장갑의 구입비
② 안전보건 교육장내 냉·난방 설비 설치비
③ 안전보건 관리자용 안전 순찰차량의 유류비
④ 교통통제를 위한 교통정리자의 인건비
⑤ 외부인 출입금지, 공사장 경계표시를 위한 가설울타리
⑥ 위생 및 긴급 피난용 시설비
⑦ 안전보건교육장의 대지 구입비
⑧ 안전관련 간행물, 잡지 구독비

②, ③, ⑥, ⑧

*산업안전보건관리비 적용 내역
① 안전관리자 등의 인건비 및 각종 업무 수당 등
② 안전시설비 등
③ 개인보호구 및 안전장구 구입비 등
④ 사업장의 안전진단비
⑤ 안전보건교육비 및 행사비 등
⑥ 근로자의 건강관리비 등

03

시몬즈 방식에서 보험코스트와 비보험코스트 중 비보험 코스트 종류(항목) 4가지를 쓰시오.

① 휴업상해
② 통원상해
③ 구급조치
④ 무상해 사고

04

다음 보기의 위험물과 혼재 가능한 물질을 각각 쓰시오.

```
                    [보기]
① 산화성고체(제1류 위험물)
② 가연성고체(제2류 위험물)
③ 금수성물질 및 자연발화성물질(제3류 위험물)
④ 인화성액체(제4류 위험물)
⑤ 자기반응성물질(제5류 위험물)
⑥ 산화성액체(제6류 위험물)
```

(1) 산화성고체
(2) 가연성고체
(3) 자기반응성물질
(4) 금수성물질 및 자연발화성물질

(1) ⑥
(2) ④, ⑤
(3) ②, ④
(4) ④

*혼재 가능한 위험물
① 4:23
  - 제4류와 제2류, 제4류와 제3류는 혼재 가능
② 5:24
  - 제5류와 제2류, 제5류와 제4류는 혼재 가능
③ 6:1
  - 제6류와 제1류는 혼재 가능

	1류	2류	3류	4류	5류	6류
1류		×	×	×	×	○
2류	×		×	○	○	×
3류	×	×		○	×	×
4류	×	○	○		○	×
5류	×	○	×	○		×
6류	○	×	×	×	×	

05

「산업안전보건법」상 작업발판 일체형 거푸집 종류 4가지를 쓰시오.

```
① 갱폼
② 슬립폼
③ 클라이밍폼
④ 터널라이닝폼
```

06

다음 보기의 유해물질 중 노출기준(TWA)에 대한 각 물음에 답하시오.

```
                    [보기]
① 암모니아    ② 불소    ③ 과산화수소
        ④ 염산    ⑤ 사염화탄소
```

(1) 노출기준(TWA)이 가장 높은 것
(2) 노출기준(TWA)이 가장 낮은 것

(1) ① 암모니아
(2) ② 불소

*유해물질 노출기준(TWA) 비교

유해물질	노출기준(TWA)
암모니아	25
불소	0.1
과산화수소	1
염산	1
사염화탄소	5

07

「산업안전보건법」상 산업안전보건위원회의 심의·의결 사항 4가지를 쓰시오.

① 산업재해예방계획의 수립에 관한 사항
② 안전보건관리규정의 작성 및 변경에 관한 사항
③ 근로자의 안전·보건 교육에 관한 사항
④ 근로자의 건강진단 등 건강관리에 관한 사항
⑤ 작업환경측정 등 작업환경의 점검 및 개선에 관한 사항
⑥ 산업재해에 관한 통계의 기록 및 유지에 관한 사항

08

「산업안전보건법」상 연삭기 덮개의 성능기준에 따라 각도를 각각 쓰시오.
(단, 이상, 이내 등 정확히 구분하여 쓰시오.)

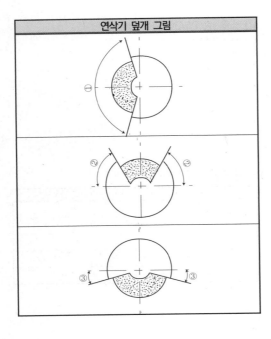

① 125° 이내
② 60° 이상
③ 15° 이상

*연삭기 각도

그림	용도
	일반연삭작업에 사용되는 탁상용 연삭기
	연삭숫돌의 상부를 사용하는 것을 목적으로 하는 탁상용 연삭기
	1. 원통연삭기 2. 센터리스연삭기 3. 공구연삭기 4. 만능연삭기
	1. 휴대용 연삭기 2. 스윙연삭기 3. 슬리브연삭기
	1. 평면연삭기 2. 절단연삭기

09

「산업안전보건법」상 다음 보기의 교육 시간을 각각 쓰시오.

```
[보기]
① 안전관리자 신규교육
② 안전보건관리 책임자 보수교육
③ 사무직 종사 근로자의 정기교육
④ 일용근로자를 제외한 근로자의 채용 시의 교육
⑤ 일용근로자를 제외한 근로자의 작업내용변경 시의 교육
```

① 34시간 이상

② 6시간 이상

③ 매분기 3시간 이상

④ 8시간 이상

⑤ 2시간 이상

*안전보건관리책임자 등에 대한 교육

교육대상	교육시간	
	신규교육	보수교육
안전보건관리책임자	6시간 이상	6시간 이상
안전관리자, 안전관리전문기관의 종사자	34시간 이상	24시간 이상
보건관리자, 보건관리전문기관의 종사자	34시간 이상	24시간 이상
건설재해예방전문지도 기관의 종사자	34시간 이상	24시간 이상
석면조사기관의 종사자	34시간 이상	24시간 이상
안전보건관리담당자	—	8시간 이상
안전검사기관, 자율안전검사기관의 종사자	34시간 이상	24시간 이상

*사업 내 안전보건교육

교육과정	교육대상	교육시간
정기교육	사무직 종사 근로자	매반기 6시간 이상
	판매업무에 직접 종사하는 근로자	매반기 6시간 이상
	판매업무 외에 종사하는 근로자	매반기 12시간 이상

	일용근로자 및 근로계약이 주 1일 이하인 기간제 근로자	1시간 이상
채용 시의 교육	근로계약기간이 1주일 초과 1개월 이하인 기간제근로자	4시간 이상
	그 밖의 근로자	8시간 이상
작업내용 변경 시의 교육	일용근로자 및 근로계약기간이 1주일 이하인 기간제 근로자	1시간 이상
	그 밖의 근로자	2시간 이상
건설업기초 안전보건교육	건설 일용근로자	4시간 이상

10

다음 표의 HAZOP 기법에 사용되는 가이드워드의 의미를 각각 영문으로 쓰시오.

가이드워드	의미
완전한 대체의 사용	①
성질상의 증가	②
설계의도의 완전한 부정	③
설계의도의 논리적인 역	④

① Other Than

② As Well As

③ No or Not

④ Reverse

*HAZOP 기법에 사용되는 가이드워드

가이드워드	의미
As Well As	성질상의 증가
Part Of	성질상의 감소
Other Than	완전한 대체의 사용
Reverse	설계의도의 논리적인 역
Less	양의 감소
More	양의 증가
No or Not	설계의도의 완전한 부정

11

다음 설명에 맞는 프레스 및 전단기의 방호장치를 각각 쓰시오.

[보기]
① 슬라이드 하강 중 정전 또는 방호장치의 이상 시 정지 할 수 있는 구조이어야 한다.
② 슬라이드 하강 중 정전 또는 방호장치의 이상 시 정지 하고, 1행정·1정지 기구에 사용할 수 있어야 한다.
③ 슬라이드 하행정거리의 3/4 위치에서 손을 완전히 밀어 내어야 한다.
④ 손목밴드는 착용감이 좋으며 쉽게 착용할 수 있는 구조이고, 수인끈은 작업자와 작업공정에 따라 그 길이를 조정 할 수 있어야 한다.

① 광전자식(감응식) 방호장치
② 양수조작식 방호장치
③ 손쳐내기식 방호장치
④ 수인식 방호장치

12

안전난간의 주요구성 요소 4가지를 쓰시오.

① 상부 난간대
② 중간 난간대
③ 발끝막이판
④ 난간기둥

13

시험가스농도 1.5%에서 표준유효시간이 80분인 정화통을 유해가스농도가 0.8%인 작업장에서 사용할 경우 유효사용가능시간(파과시간)$[\min]$을 구하시오.

$$파과시간 = \frac{A \times B}{C} = \frac{80 \times 1.5}{0.8} = 150\min$$
$$\begin{cases} A : 표준유효시간[\min] \\ B : 시험가스농도[\%] \\ C : 사용하는 작업장 공기중 유해가스농도 \end{cases}$$

14

란돌트(Landolt) 고리에 있어 $1.2mm$의 틈을 $4m$의 거리에서 겨우 구분할 수 있는 사람의 최소 분간시력을 구하시오.

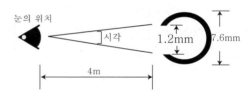

$$시각 = \frac{57.3 \times 60 \times H}{D} = \frac{57.3 \times 60 \times 1.2}{4000} = 1.03분$$
$$\therefore 시력 = \frac{1}{시각} = \frac{1}{1.03} = 0.97$$

*시각 및 시력
$$시각 = \frac{57.3 \times 60 \times H}{D} \quad \begin{cases} H : 틈 간격 \\ D : 글자 거리 \end{cases}$$
$$시력 = \frac{1}{시각}$$

Memo

01
산업안전 보건법 개정으로 폐지된 내용입니다.

접지공사 종류에서 접지저항값 및 접지선의 굵기에 대한 표의 빈칸을 채우시오.

종별	접지저항	접지선의 굵기
제1종	(①)Ω 이하	공칭단면적 $6mm^2$ 이상의 연동선
제2종	$\dfrac{150}{1선\ 지락전류}$ Ω 이하	공칭단면적 (②)mm^2 이상의 연동선
제3종	(③)Ω 이하	공칭단면적 $2.5mm^2$ 이상의 연동선
특별 제3종	$10Ω$ 이하	공칭단면적 (④)mm^2 이상의 연동선

2021년 KEC 법 개정으로 인해 접지대상에 따라 일괄 적용한 종별접지가 폐지되어 정답이 없습니다.

02
다음 보기는 「산업안전보건법」상 계단에 관한 내용일 때 다음을 구하시오.

[보기]
- 사업주는 계단 및 계단참을 설치하는 경우 매제곱미터당 (①)kg 이상의 하중에 견딜 수 있는 강도를 가진 구조로 설치하여야 하며, 안전율은 (②) 이상으로 하여야 한다.
- 계단을 설치하는 경우 그 폭을 (③)m 이상으로 하여야 한다.
- 높이가 (④)m를 초과하는 계단에는 높이 $3m$ 이내마다 너비 $1.2m$ 이상의 계단참을 설치하여야 한다.
- 높이 (⑤)m 이상인 계단의 개방된 측면에 안전난간을 설치하여야 한다.

① 500 ② 4 ③ 1 ④ 3 ⑤ 1

03
「산업안전보건법」상 사업주는 잠함 또는 우물통의 내부에서 근로자가 굴착작업을 하는 경우에 잠함 또는 우물통의 급격한 침하에 의한 위험을 방지하기 위하여 준수하여야 할 사항 2가지를 쓰시오.

① 침하관계도에 따른 굴착방법 및 재하량 등을 정할 것
② 바닥으로부터 천장 또는 보까지의 높이는 $1.8m$ 이상으로 할 것

04

「산업안전보건법」에 따라 비, 눈 그 밖의 악천후로
인하여 작업을 중지시킨 후 또는 비계를 조립·
해체 하거나 변경한 후 작업재개 시 해당 작업시작
전 점검항목 4가지를 쓰시오.

① 발판 재료의 손상 여부 및 부착 또는 걸림 상태
② 해당 비계의 연결부 또는 접속부의 풀림 상태
③ 연결 재료 및 연결 철물의 손상 또는 부식 상태
④ 손잡이의 탈락 여부
⑤ 기둥의 침하, 변형, 변위 또는 흔들림 상태
⑥ 로프의 부착 상태 및 매단 장치의 흔들림 상태

05

방열복의 종류 4가지를 쓰시오.

① 방열상의
② 방열하의
③ 방열일체복
④ 방열장갑
⑤ 방열두건

*방열복의 질량기준
① 방열상의 : $3.0kg$ 이하
② 방열하의 : $2.0kg$ 이하
③ 방열일체복 : $4.3kg$ 이하
④ 방열장갑 : $0.5kg$ 이하
⑤ 방열두건 : $2.0kg$ 이하

06

**할로겐화합물에 소화기에 사용하는 할로겐원소의 연소
억제제의 종류 4가지를 쓰시오.**

① 불소(F) ② 염소(Cl)
③ 브롬(Br) ④ 요오드(I)

*Halon 소화약제
Halon 소화약제의 Halon번호는 C, F, Cl, Br, I의
개수를 나타낸다.

*Halon 소화약제의 종류

명칭	분자식
Halon 1001	CH_3Br
Halon 10001	CH_3I
Halon 1011	CH_2ClBr
Halon 1211	CF_2ClBr
Halon 1301	CF_3Br
Halon 104	CCl_4
Halon 2402	$C_2F_4Br_2$

07

「산업안전보건법」상 다음 보기는 지게차의 헤드가
드가 갖추어야할 사항에 대한 설명일 때 빈칸을
채우시오.

[보기]
- 강도는 지게차의 최대하중의 (①)배 값의 등분포정하
  중에 견딜 수 있을 것
- 운전자가 앉아서 조작하는 방식의 지게차의 헤드가드는
  한국산업표준에서 정하는 높이 기준 이상일 것
  (입식 : (②)m, 좌식 : (③)m)
- 상부틀의 각 개구의 폭 또는 길이가 (④)cm 미만일 것

① 2   ② 1.88   ③ 0.903   ④ 16

*지게차의 헤드가드가 갖추어야할 사항
① 강도는 지게차의 최대하중의 2배 값(4톤을 넘는
  값에 대해서는 4톤으로 한다.)의 등분포정하중
  에 견딜 수 있을 것
② 상부틀의 각 개구의 폭 또는 길이가 $16cm$ 미만
  일 것
③ 운전자가 앉아서 조작하거나 서서 조작하는 지게차의
  헤드가드는 한국산업표준에서 정하는 높이 기준
  이상일 것 (입식 : $1.88m$, 좌식 : $0.903m$)

08

미국방성 위험성평가 중 위험도(MIL-STD-882B) 4가지를 쓰시오.

① 파국적
② 위기적(중대)
③ 한계적
④ 무시

*PHA의 식별원 4가지 카테고리
① 파국적 : 시스템 손상 및 사망
② 위기적(중대) : 시스템 중대 손상 및 작업자의 부상
③ 한계적 : 시스템 제어 가능 및 경미상해
④ 무시 : 시스템 및 인적손실 없음

09

다음 보기의 설명을 읽고 보일러에 발생하는 현상을 각각 쓰시오.

[보기]
① 보일러수 속의 용해 고형물이나 현탁 고형물이 증기에 섞여 보일러 밖으로 튀어 나가는 현상
② 유지분이나 부유물 등에 의하여 보일러수의 비등과 함께 수면부에 거품을 발생시키는 현상

① 캐리오버
② 포밍

*보일러 발생증기의 이상 현상

이상현상	내용
프라이밍	보일러 부하의 급변으로 수위가 급상승하여 증기와 분리되지 않고 수면이 심하게 솟아올라 올바른 수위를 판단하지 못하는 현상
포밍	유지분이나 부유물 등에 의하여 보일러수의 비등과 함께 수면부에 거품을 발생시키는 현상
캐리오버	보일러수 속의 용해 고형물이나 현탁 고형물이 증기에 섞여 보일러 밖으로 튀어 나가는 현상

10

보일링 현상 방지대책 3가지 쓰시오.

① 지하수위 저하
② 지하수의 흐름 막기
③ 흙막이 벽을 깊이 설치

*히빙·보일링 현상

현상	세부내용
히빙	굴착면 저면이 부풀어 오르는 현상이고, 연약한 점토지반을 굴착할 때 굴착배면의 토사중량이 굴착저면 이하의 지반지지력보다 클 때 발생한다. 방지대책) ① 흙막이벽의 근입장을 깊게 ② 흙막이벽 주변 과재하 금지 ③ 굴착저면 지반 개량 ④ Island Cut 공법 선정하여 굴착저면 하중 부여
보일링	굴착 저면과 굴착배면의 수위차로 인해 침수투압이 모래와 같이 솟아오르는 현상이고, 사질토 지반에서 주로 발생하며, 흙막이벽 하단의 지지력 감소 및 토립자 이동으로 흙막이 붕괴 및 주변지반 파괴의 원인이 된다. 방지대책) ① 흙막이벽을 깊이 설치 ② 지하수의 흐름 막기 ③ 지하수위 저하 등

11

다음 보기는 데이비스의 동기부여에 관한 이론 공식
일 때 빈칸을 채우시오.

```
                    [보기]
- 능력 = ( ① ) × ( ② )
- 동기유발 = ( ③ ) × ( ④ )
```

① 지식 ② 기능 ③ 상황 ④ 태도

*데이비스의 이론
① 지식 × 기능 = 능력
② 상황 × 태도 = 동기유발
③ 능력 × 동기유발 = 인간의 성과
④ 인간의 성과 × 물질의 성과 = 경영의 성과

12

다음 보기의 공식을 각각 쓰시오.

```
                    [보기]
① 연천인율
② 환산강도율 (단, 평생근로시간이 10만시간이다.)
③ 환산도수율 (단, 평생근로시간이 10만시간이다.)
④ 종합재해지수
```

① 연천인율 = $\dfrac{\text{연간재해자수}}{\text{연평균 근로자수}} \times 10^3$

② 환산강도율 = 강도율×100

③ 환산도수율 = 도수율×0.1

④ 종합재해지수 = $\sqrt{\text{도수율} \times \text{강도율}}$

*환산도수율 · 환산강도율
1. 환산도수율 : 일평생 근로하는 동안의 재해건수
2. 환산강도율 : 일평생 근로하는 동안의 근로손실일수

- 평생근로시간 조건이 없는 경우 - 평생근로시간이 10만시간인 경우	1. 환산도수율 = 도수율×0.1 2. 환산강도율 = 강도율×100
평생근로시간이 15만시간인 경우	1. 환산도수율 = 도수율×0.15 2. 환산강도율 = 강도율×150

13

A 사업장의 제품은 10000시간 동안 10개의 제품
에 고장이 발생될 때 다음을 구하시오.
(단, 이 제품의 수명은 지수분포를 따른다.)

(1) 고장률[건/hr]
(2) 900시간동안 적어도 1개의 제품이 고장날 확률

(1)

고장률(λ) = $\dfrac{\text{고장건수}}{\text{총가동시간}}$ = $\dfrac{10}{10000}$ = 0.001건/hr

(2) 불신뢰도 = 1 - 신뢰도
$= 1 - e^{-\lambda t} = 1 - e^{-(0.001 \times 900)} = 0.59$

14

다음 FT도의 최소 패스셋(Minimal Path Set)을 모두 구하시오.

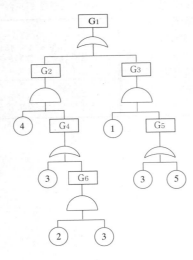

최소 패스셋을 구하는 방법은, FT도를 반대로 변환하여 미니멀 컷셋을 구하면 된다.

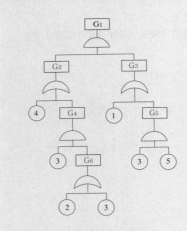

$G_4 = ③ \cdot G_6 = ③\begin{pmatrix}②\\③\end{pmatrix}$

G_4의 컷셋 : (②, ③), (③)

G_4의 미니멀 컷셋 : (③)

$G_1 = G_2 \cdot G_3$

$\quad = \begin{pmatrix}④\\G_4\end{pmatrix}\begin{pmatrix}①\\G_5\end{pmatrix} = \begin{pmatrix}④\\③\end{pmatrix}\begin{pmatrix}①\\③, ⑤\end{pmatrix}$

$\quad = (①, ④), (③, ④, ⑤), (①, ③), (③, ⑤)$

G_1의 미니멀 컷셋 : (①, ③), (①, ④), (③, ⑤)

∴ 최소 패스셋 : (①, ③), (①, ④), (③, ⑤)

01

「산업안전보건법」에 따라 비, 눈 그 밖의 악천후로 인하여 작업을 중지시킨 후 또는 비계를 조립·해체하거나 변경한 후 작업재개 시 해당 작업시작 전 점검항목 4가지를 쓰시오.

① 발판 재료의 손상 여부 및 부착 또는 걸림 상태
② 해당 비계의 연결부 또는 접속부의 풀림 상태
③ 연결 재료 및 연결 철물의 손상 또는 부식 상태
④ 손잡이의 탈락 여부
⑤ 기둥의 침하, 변형, 변위 또는 흔들림 상태
⑥ 로프의 부착 상태 및 매단 장치의 흔들림 상태

02

「산업안전보건법」상 공정안전보고서의 내용 중 공정위험성 평가서에 적용하는 위험성 평가기법에 있어 "제조공정 중 반응, 분리(증류, 추출 등), 이송시스템 및 전기·계장 시스템" 등 간단한 단위공정에 대한 위험성 평가기법 4가지를 쓰시오.

① 결함수 분석(FTA)
② 사건수 분석(ETA)
③ 이상위험도 분석(FMECA)
④ 위험과 운전분석기법(HAZOP)
⑤ 원인결과 분석(CCA)
⑥ 공정위험분석기법(PHR)

*공정위험성 평가서에 적용하는 단위공정에 대한 위험성 평가기법

저장탱크, 유틸리티설비 및 제조공정 중 고체건조·분쇄설비	제조공정 중 반응, 분리(증류, 추출 등), 이송시스템 및 전기·계장시스템
① 체크리스트 (Check List)	① 결함수 분석 (FTA)
② 작업자실수분석기법 (HEA)	② 사건수 분석 (ETA)
③ 사고예상질문분석기법 (What-if)	③ 이상위험도 분석 (FMECA)
④ 위험과 운전분석기법 (HAZOP)	④ 위험과 운전분석기법 (HAZOP)
⑤ 상대 위험순위결정기법 (DMI)	⑤ 원인결과 분석 (CCA)
⑥ 공정위험분석기법 (PHR)	⑥ 공정위험분석기법 (PHR)
⑦ 공정안정성분석기법 (K-PSR)	

03

다음 보기는 「산업안전보건법」에 따른 경고표지에 용도 및 사용 장소에 관한 내용일 때 빈칸을 채우시오.

```
[보기]
( ① ) : 폭발성 물질이 있는 장소
( ② ) : 돌 및 블록 등 떨어질 우려가 있는 물체가 있는 장소
( ③ ) : 경사진 통로 입구 및 미끄러운 장소
( ④ ) : 화기의 취급을 극히 주의해야 하는 물질이 있는 장소
```

① 폭발성물질 경고
② 낙하물 경고
③ 몸균형상실 경고
④ 인화성물질 경고

*경고표지

인화성물질 경고	산화성물질 경고	폭발성물질 경고	급성독성 물질경고
부식성물질 경고	방사성물질 경고	고압전기 경고	매달린물체 경고
낙하물 경고	고온 경고	저온 경고	몸균형상실 경고
레이저광선 경고	위험장소 경고	발암성·변이원성·생식독성·전신독성·호흡기과민성물질 경고	

04

「산업안전보건법」상 작업장에서 취급하는 대상화학물질의 물질안전보건자료(MSDS)에 해당되는 내용을 근로자에게 교육하여야 할 때 근로자에게 실시하는 교육사항 4가지를 쓰시오.

① 대상화학물질의 명칭
② 물리적 위험성 및 건강 유해성
③ 취급상의 주의사항
④ 적절한 보호구
⑤ 응급조치 요령 및 사고시 대처방법
⑥ 물질안전보건자료 및 경고표지를 이해하는 방법

05

다음 보기는 「산업안전보건법」상 연삭숫돌에 관한 내용일 때 빈칸을 채우시오.

```
[보기]
사업주는 연삭숫돌을 사용하는 작업의 경우 작업을 시작하기
전에는 ( ① )분 이상, 연삭숫돌을 교체한 후에는 ( ② )분 이
상 시험운전을 하고 해당 기계에 이상이 있는지 확인할 것
```

① 1   ② 3

06

「산업안전보건법」상 근로자가 반복하여 계속적으로 중량물을 취급하는 작업할 때 작업시작 전 점검사항 2가지를 쓰시오.

① 중량물 취급의 올바른 자세 및 복장
② 위험물이 날아 흩어짐에 따른 보호구의 착용
③ 카바이드·생석회 등과 같이 온도상승이나 습기에 의하여 위험성이 존재하는 중량물의 취급방법

07

「산업안전보건법」에 따른 안전성평가를 순서대로 나열하시오.

> **[보기]**
> ① 정성적평가   ② 재평가   ③ FTA 재평가
> ④ 대책검토   ⑤ 자료정비   ⑥ 정량적평가

⑤ → ① → ⑥ → ④ → ② → ③

*안전성 평가 6단계
1단계 : 관계자료의 작성준비(자료정비)
2단계 : 정성적평가
3단계 : 정량적평가
4단계 : 안전대책 수립(대책검토)
5단계 : 재해정보에 의한 재평가
6단계 : FTA에 의한 재평가

08

「산업안전보건법」에 따른 국소배기장치의 후드 설치 시 준수사항 4가지를 쓰시오.

① 유해물질이 발생하는 곳마다 설치할 것
② 외부식 또는 리시버식 후드는 해당 분진등의 발산원에 가장 가까운 위치에 설치할 것
③ 후드의 형식은 가능하면 포위식 또는 부스식 후드를 설치할 것
④ 유해인자의 발생형태와 비중, 작업방법 등을 고려하여 해당 분진 등의 발산원을 제어할 수 있는 구조로 설치할 것

09

건설업 중 건설공사 유해·위험방지계획서의 제출 기한과 첨부서류 2가지를 쓰시오.

① 제출기한 : 해당 공사의 착공 전날까지
② 첨부서류 : ㉠ 공사개요 및 안전보건관리계획
　　　　　　 ㉡ 작업공사 종류별 유해·위험방지계획

10

「산업안전보건법」상 안전인증을 전부 또는 일부를 면제할 수 있는 경우 3가지를 쓰시오.

① 연구·개발을 목적으로 제조·수입하거나 수출을 목적으로 제조하는 경우
② 고용노동부장관이 정하여 고시하는 외국의 안전 인증기관에서 인증을 받은 경우
③ 다른 법령에서 안전성에 관한 검사나 인증을 받은 경우로서 고용노동부령으로 정하는 경우

11

다음 보기의 안전밸브 형식 표시사항을 각각 기술하시오.

> **[보기]**
> SF II 1-B

S : 요구성능
F : 유량제한기구
II : 호칭입구 크기구분
1 : 호칭압력 구분
-B : 평형형

*안전밸브 형식 표시사항

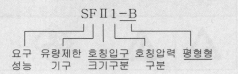

SF II 1-B
요구성능　유량제한기구　호칭입구 크기구분　호칭압력 구분　평형형

12

「방호장치안전인증고시」에 따른 전기기기 또는 방폭
부품에 최소 표시사항 4가지를 쓰시오.

① 제조자의 이름 또는 등록상표
② 형식
③ 기호 Ex 및 방폭구조의 기호
④ 인증서 발급기관의 이름 또는 마크, 합격번호
⑤ X 또는 U 기호 (단, 기호 X와 U를 함께 사용
　하지 않음)

13

A 사업장의 근무 및 재해발생현황이 다음 보기와
같을 때 이 사업장의 종합재해지수(FSI)를 구하시오.

┌─────────────────────────────┐
│　　　　　　　　[보기]　　　　　　　　│
│ ① 평균근로자수 : 300명　　　　　　　│
│ ② 월평균 재해건수 : 2건　　　　　　　│
│ ③ 휴업일수 : 219일　　　　　　　　　│
│ ④ 근로시간 : 1일 8시간, 연간 280일 근무 │
└─────────────────────────────┘

$$도수율 = \frac{재해건수}{연근로\ 총시간수} \times 10^6$$
$$= \frac{2 \times 12}{300 \times 8 \times 280} \times 10^6 = 35.71$$

$$강도율 = \frac{근로손실일수}{연근로\ 총시간수} \times 10^3$$
$$= \frac{219 \times \frac{280}{365}}{300 \times 8 \times 280} \times 10^3 = 0.25$$

$$\therefore 종합재해지수 = \sqrt{도수율 \times 강도율}$$
$$= \sqrt{35.71 \times 0.25} = 2.99$$

14

다음 FT도에서 컷셋(Cut Set)을 모두 구하시오.

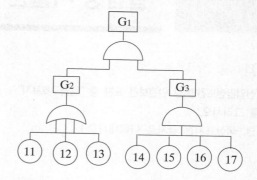

$$G_1 = G_2 \cdot G_3$$
$$= \begin{pmatrix} ⑪ \\ ⑫ \\ ⑬ \end{pmatrix} (⑭⑮⑯⑰)$$
$$= (⑪⑭⑮⑯⑰),\ (⑫⑭⑮⑯⑰),\ (⑬⑭⑮⑯⑰)$$

01

「산업안전보건법」상 안전보건 표지 중 "응급구호표지"
를 그리시오.
(단, 색상표시는 글자로 나타내시오.)

바탕 : 녹색
도형 : 흰색

02

「산업안전보건법」상 위생시설 4가지를 쓰시오.

① 휴게시설
② 세면·목욕시설
③ 세탁시설
④ 탈의시설
⑤ 수면시설

03

파블로프 조건반사설 학습의 원리 4가지를 쓰시오.

① 일관성의 원리
② 시간의 원리
③ 강도의 원리
④ 계속성의 원리

04   산업안전 보건법 개정으로 폐지된 내용입니다.

「산업안전보건법」상 무재해운동을 추진하던 도중에
사고 또는 재해가 발생하더라도 무재해로 인정되는
경우 4가지를 쓰시오.

① 출·퇴근 도중 발생한 재해
② 제3자의 행위에 의한 업무상 재해
③ 운동경기 등 각종 행사 중 발생한 재해
④ 뇌혈관질환 또는 심장질환에 의한 재해
⑤ 업무시간 외 발생한 재해

05

「산업안전보건법」상 안전인증대상 기계·기구 등이 안전 기준에 적합한지를 확인하기 위하여 안전인증 심사의 종류 3가지를 쓰시오.

① 예비심사
② 서면심사
③ 기술능력 및 생산체계 심사
④ 제품심사

*안전인증 심사의 종류·방법 및 심사기간

심사의 종류		방법	심사기간
예비 심사		기계 및 방호장치·보호구가 유해·위험기계등 인지를 확인하는 심사 (법 제84조제3항에 따라 안전인증을 신청한 경우만 해당한다)	7일
서면 심사		유해·위험기계등의 종류별 또는 형식별로 설계도면 등 유해·위험기계등의 제품기술과 관련된 문서가 안전인증기준에 적합한지에 대한 심사	15일 (외국에서 제조한 경우 30일)
기술 능력 및 생산 체계 심사		유해·위험기계등의 안전성능을 지속적으로 유지·보증하기 위하여 사업장에서 갖추어야 할 기술능력과 생산체계가 안전인증기준에 적합한지에 대한 심사	30일 (외국에서 제조한 경우 30일)
제품 심사	개별	서면심사 결과가 안전인증기준에 적합할 경우에 유해·위험기계등 모두에 대하여 하는 심사	15일
	형식	서면심사와 기술능력 및 생산체계 심사 결과가 안전인증기준에 적합할 경우에 유해·위험기계등의 형식별로 표본을 추출하여 하는 심사	30일 (일부 방호장치 보호구는 60일)

06

보일링 현상 방지대책 3가지 쓰시오.

① 지하수위 저하
② 지하수의 흐름 막기
③ 흙막이 벽을 깊이 설치

*히빙·보일링 현상

현상	세부내용
히빙	굴착면 저면이 부풀어 오르는 현상이고, 연약한 점토지반을 굴착할 때 굴착배면의 토사중량이 굴착저면 이하의 지반지지력보다 클 때 발생한다. 방지대책) ① 흙막이벽의 근입장을 깊게 ② 흙막이벽 주변 과재하 금지 ③ 굴착저면 지반 개량 ④ Island Cut 공법 선정하여 굴착저면 하중 부여
보일링	굴착 저면과 굴착배면의 수위차로 인해 침수투압이 모래와 같이 솟아오르는 현상이고, 사질토 지반에서 주로 발생하며, 흙막이벽 하단의 지지력 감소 및 토립자 이동으로 흙막이 붕괴 및 주변지반 파괴의 원인이 된다. 방지대책) ① 흙막이벽을 깊이 설치 ② 지하수의 흐름 막기 ③ 지하수위 저하 등

07

다음을 각각 간단하게 서술하시오.

(1) Fool Proof
(2) Fail Safe

(1) 풀 프루프(Fool Proof)
: 인간의 실수가 발생하더라도, 기계설비가 안전하게 작동하는 것

(2) 페일 세이프(Fail Safe)
: 기계의 실수가 발생하더라도, 기계설비가 안전하게 작동하는 것

*페일 세이프(Fail Safe)의 기능적 분류

단계	세부내용
1단계 Fail Passive	부품이 고장나면 운행을 통상 정지
2단계 Fail Active	부품이 고장나면 기계는 경보를 울리는 가운데 짧은 시간동안 운전 가능
3단계 Fail Operational	부품에 고장이 있어서 기계는 추후의 보수가 될 때 까지 기능을 유지

08

「산업안전보건법」상 타워크레인을 설치·조립·해체하는 작업 시 작업계획서의 내용 4가지를 쓰시오.

① 타워크레인의 종류 및 형식
② 설치·조립 및 해체순서
③ 지지방법
④ 작업도구·장비·가설설비 및 방호설비
⑤ 작업인원의 구성 및 작업근로자의 역할범위

09

「산업안전보건법」상 사업주의 의무와 근로자의 의무 각각 2가지씩 쓰시오.

① 사업주의 의무
  ㉠ 이 법과 이 법에 의한 명령에서 정하는 산업재해예방을 위한 기준을 준수할 것
  ㉡ 근로자의 신체적 피로와 정신적 스트레스 등을 줄일 수 있는 쾌적한 작업환경을 조성하고 근로조건을 개선할 것
  ㉢ 해당 사업장의 안전보건에 관한 정보를 근로자에게 제공할 것

② 근로자의 의무
  ㉠ 이 법과 이 법에 의한 명령에서 정하는 산업재해예방을 위한 기준을 준수할 것
  ㉡ 사업주 또는 근로감독관, 공단 등 관계자가 실시하는 산업재해 방지에 관한 조치에 준수할 것

10

다음 보기는 「산업안전보건법」에 따른 공정안전보고서 이행상태평가에 관한 내용일 때 빈칸을 채우시오.

[보기]
- 고용노동부장관은 공정안전보고서의 확인 후 1년이 경과한 날부터 (①) 이내에 공정안전보고서 이행상태의 평가를 해야한다.
- 사업주가 이행평가에 대한 추가요청을 하면 (②) 기간 내에 이행평가를 할 수 있다.

① 2년
② 1년 또는 2년

11

휴먼에러에서 다음을 각각 2가지씩 분류하시오.

(1) 독립행동에 관한 분류(심리적 분류)
(2) 원인에 의한 분류

(1) 독립행동에 관한 분류(심리적 분류)
① 생략에러(Omission error)
② 수행 에러(Commission error)
③ 시간 에러(Time error)
④ 순서 에러(Sequential error)
⑤ 불필요한 에러(Extraneous error)

(2) 원인에 의한 분류
① 1차 에러(Primary error)
② 2차 에러(Secondary error)
③ 지시 에러(Command error)

*독립행동에 관한 분류

종류	설명
생략 에러 (Omission error)	필요 직무 또는 절차를 수행하지 않음
수행 에러 (Commission error)	필요 직무 또는 절차의 불확실한 수행
시간 에러 (Time error)	필요 직무 또는 절차의 수행 지연
순서 에러 (Sequential error)	필요 직무 또는 절차의 순서 잘못 판단
불필요한 에러 (Extraneous error)	불필요한 직무 또는 절차를 수행

*실수원인의 수준적 분류

종류	설명
1차 에러 (Primary error)	작업자 자신으로부터 발생한 에러
2차 에러 (Secondary error)	어떤 결함으로부터 파생하여 발생한 에러
지시 에러 (Command error)	작업자가 움직일 수 없으므로 발생한 에러

12

직렬 또는 병렬구조로 단순화 될 수 없는 복잡한 시스템의 신뢰도나 고장확률을 평가하는 기법 3가지를 쓰시오.

① 사상 공간법
② 경로 추적법
③ 분해법

13

「산업안전보건법」상 광전자식 방호장치 프레스에 관한 설명 중 빈칸을 채우시오.

[보기]
- 프레스 또는 전단기에서 일반적으로 많이 활용하고 있는 형태로서 투광부, 수광부, 컨트롤 부분으로 구성된 것으로서 신체의 일부가 광선을 차단하면 기계를 급정지시키는 방호장치로 (①)분류에 해당한다.

- 정상동작표시램프는 (②)색, 위험표시램프는 (③)색으로 하며, 쉽게 근로자가 볼 수 있는 곳에 설치해야 한다.

- 방호장치는 릴레이, 리미트 스위치 등의 전기부품의 고장, 전원전압의 변동 및 정전에 의해 슬라이드가 불시에 동작하지 않아야 하며, 사용전원전압의 ±(④)%의 변동에 대하여 정상으로 작동되어야 한다.

① A-1   ② 녹   ③ 적   ④ 20

*방호장치의 종류 및 분류기호

구분	기호
광전자식	A-1, A-2
양수조작식	B-1, B-2
가드식	C
손쳐내기식	D
수인식	E

14

전압이 $100\,V$인 충전부분에 작업자의 물에 젖은 손
이 접촉되어 감전 후 사망하였을 때 다음을 구하
시오.
(단, 인체의 저항 $5000\,\Omega$ 이다.)

(1) 심실세동전류$[mA]$
(2) 통전시간[초] (단, 소수점 셋째자리까지 표기)

(1) $R = 5000 \times \dfrac{1}{25} = 200\,\Omega$

$\left(\text{손이 물에 젖으면 } \dfrac{1}{25} \text{ 감소}\right)$

$V = IR$에서,

$\therefore I = \dfrac{V}{R} = \dfrac{100}{200} = 0.5A = 500mA$

(2) $I = \dfrac{165}{\sqrt{T}}[mA] \Rightarrow \sqrt{T} = \dfrac{165}{I}$

$\therefore T = \dfrac{165^2}{I^2} = \dfrac{165^2}{500^2} = 0.109$초

*인체의 전기저항

경우	기준
습기가 있는 경우	건조 시 보다 $\dfrac{1}{10}$ 저하
땀에 젖은 경우	건조 시 보다 $\dfrac{1}{12} \sim \dfrac{1}{20}$ 저하
물에 젖은 경우	건조 시 보다 $\dfrac{1}{25}$ 저하

01

재해예방대책 4원칙을 쓰고 설명하시오.

① 예방가능의 원칙
: 천재지변을 제외한 모든 재해는 예방이 가능하다.

② 손실우연의 원칙
: 사고의 결과가 생기는 손실은 우연히 발생한다.

③ 대책선정의 원칙
: 재해는 적합한 대책이 선정되어야 한다.

④ 원인연계의 원칙
: 재해는 직접원인과 간접원인이 연계되어 일어난다.

02

「산업안전보건법」상 안전보건총괄책임자 지정대상 사업 3가지를 쓰시오.

① 상시근로자 50명 이상인 선박 및 보트 건조업, 1차 금속 제조업, 토사석 광업
② 상시근로자 100명 이상인 그 외 사업장
③ 총공사금액 20억원 이상인 건설업

03

다음 보기에서 적응성이 있는 소화기를 각각 2가지씩 쓰시오.

[보기]
① CO_2소화기 ② 건조사 ③ 봉상수소화기
④ 물통 또는 수조 ⑤ 포소화기 ⑥ 할로겐화합물소화기

(1) 전기설비
(2) 인화성액체
(3) 자기반응성물질

(1) ①, ⑥
(2) ①, ②, ⑤, ⑥
(3) ②, ③, ④, ⑤

*소화설비, 경보설비 및 피난설비의 기준

대상물 구분	적응성이 있는 소화기
전기설비	① 무상수 소화기 ② 무상강화액 소화기 ③ 이산화탄소(CO_2) 소화기 ④ 할로겐화합물 소화기 ⑤ 인산염류분말 소화기 ⑥ 탄산수소염류분말 소화기
인화성액체 (제4류 위험물)	① 무상강화액 소화기 ② 포소화기 ③ 이산화탄소(CO_2) 소화기 ④ 할로겐화합물 소화기 ⑤ 인산염류분말 소화기 ⑥ 탄산수소염류분말 소화기 ⑦ 건조사 ⑧ 팽창질석 또는 팽창진주암
자기반응성물질 (제5류 위험물)	① 봉상수 소화기 ② 무상수 소화기 ③ 봉상강화액 소화기 ④ 무상강화액 소화기 ⑤ 포소화기 ⑥ 물통 또는 수조 ⑦ 건조사 ⑧ 팽창질석 또는 팽창진주암

04

「산업안전보건법」상 사업주는 보일러의 폭발 사고를 예방하기 위하여 기능이 정상적으로 작동될 수 있도록 유지·관리 하여야 하는 보일러의 방호장치 4가지를 쓰시오.

① 압력방출장치
② 압력제한스위치
③ 고저수위 조절장치
④ 화염 검출기

05

「산업안전보건법」상 사업주는 위험물질을 제조·취급하는 바닥면의 가로 및 세로가 각 $3m$ 이상인 작업장과 그 작업장이 있는 건축물에 따른 출입구 외에 안전한 장소로 대피할 수 있는 비상구 1개 이상을 설치해야 하는 구조조건 2가지를 쓰시오.

① 출입구와 같은 방향에 있지 아니하고, 출입구로부터 $3m$ 이상 떨어져 있을 것
② 작업장의 각 부분으로부터 하나의 비상구 또는 출입구까지의 수평거리가 $50m$ 이하가 되도록 할 것
③ 비상구의 너비는 0.75m 이상으로 하고, 높이는 1.5m 이상으로 할 것
④ 비상구의 문은 피난 방향으로 열리도록 하고, 실내에서 항상 열 수 있는 구조로 할 것

06

「산업안전보건법」상 안전관리비 계상 및 사용에 관한 내용일 때 빈칸을 채우시오.

[보기]
- 발주자가 재료를 제공하거나 물품이 완제품의 형태로 제작 또는 납품되어 설치되는 경우에 해당 재료비 또는 완제품의 가액을 대상액에 포함시킬 경우의 안전관리비는 해당 재료비 또는 완제품의 가액을 포함시키지 않은 대상액을 기준으로 계상한 안전관리비의 (①)를 초과할 수 없다.
- 대상액이 구분되어 있지 않은 공사는 도급계약 또는 자체사업계획 상의 총공사금액의 (②)를 대상액으로 하여 안전관리비를 계상하여야 한다.
- 수급인 또는 자기공사자는 안전관리비 사용내역에 대하여 공사 시작 후 (③)개월 마다 1회 이상 발주자 또는 감리원의 특인을 받아야 한다.

① 1.2배 ② 70% ③ 6개월

07

누전차단기에 관한 내용일 때 빈칸을 채우시오.

> [보기]
> - 누전차단기는 지락검출장치, (①), 개폐기구 등으로 구성되었다.
> - 중감도형 누전차단기는 정격감도전류가 (②) ~ 1000 mA이하이다.
> - 시연형 누전차단기는 동작시간이 0.1초 초과 (③) 이내

① 트립장치 ② 50mA ③ 2초

*누전차단기 감도에 따른 구분

구분		정격 감도 전류 (mA)	동작 시간
고감 도형	고속형	5~ 30	정격감도전류에서 0.1초 이내, 인체감전보호형은 0.03초 이내
	시연형		정격감도전류에서 0.1초를 초과하고 2초 이내
	반한시형		정격감도전류에서 0.2초를 초과하고 1초 이내
			정격감도전류 1.4배의 전류에서 0.1초를 초과 하고 0.5초 이내
			정격감도전류 4.4배의 전류에서 0.05초 이내
중감 도형	고속형	50~ 1000	정격감도전류에서 0.1초 이내
	시연형		정격감도전류에서 0.1초를 초과하고 2초 이내
저감 도형	고속형	3000~ 20000	정격감도전류에서 0.1초 이내
	시연형		정격감도전류에서 0.1초를 초과하고 2초 이내

08

양립성 2가지를 쓰고 사례를 들어 설명하시오.

① 공간 양립성
: 오른쪽 버튼을 누르면 오른쪽 기계가 작동한다.

② 운동 양립성
: 조작장치를 시계방향으로 회전하면 기계가 오른쪽으로 이동한다.

*양립성
: 자극-반응 조합의 관계에서 인간의 기대와 모순되지 않는 성질

종류	정의 및 예시
운동 양립성	조작장치 방향과 기계의 움직이는 방향이 일치 ex) 조작장치를 시계방향으로 회전하면 기계가 오른쪽으로 이동한다.
공간 양립성	공간적 배치가 인간의 기대와 일치 ex) 오른쪽 버튼 누르면 오른쪽 기계가 작동한다.
개념 양립성	인간이 가지고 있는 개념적 연상과 일치 ex) 붉은색 손잡이는 온수, 푸른색 손잡이는 냉수이다.
양식 양립성	직무에 알맞은 자극과 응답양식의 존재 ex) 기계가 특정 음성에 대해 정해진 반응을 하는 것.

09

「산업안전보건법」상 금지 표지 중 "출입금지표지"를 그리시오.
(단, 색상표시는 글자로 나타내시오.)

바탕 : 흰색
도형 : 빨간색
화살표 : 검정색

10

「산업안전보건법」상 컨베이어 작업시작 전 점검사항 3가지를 쓰시오.

① 원동기 및 풀리 기능의 이상 유무
② 이탈 등의 방지장치 기능의 이상 유무
③ 비상정지장치 기능의 이상 유무
④ 원동기·회전축·기어 및 풀리 등의 덮개 또는 울 등의 이상 유무

11

「산업안전보건법」상 화학물질 또는 이를 포함한 혼합물로서 유해인자의 분류기준에 해당하는 것 (물질안전보건자료대상물질은 제외한다.)을 제조하거나 수입하려는 자는 다음 각호의 사항을 적은 물질안전보건자료를 고용노동부령으로 정하는 바에 따라 작성하여 고용노동부장관에게 제출하여야 한다. 이 경우 물질안전보건자료에 작성하여야 하는 사항 4가지를 쓰시오.

① 제품명
② 물질안전보건자료대상물질을 구성하는 화학물질 중 유해인자의 분류기준에 해당하는 화학물질의 명칭 및 함유량
③ 안전·보건상의 취급주의 사항
④ 건강 및 환경에 대한 유해성 및 물리적 위험성
⑤ 물리·화학적 특성 등 고용노동부령으로 정하는 사항

12   산업안전 보건법 개정으로 폐지된 내용입니다.

「산업안전보건법」상 자율안전 확인을 필한 제품에 대한 부분적 변경의 허용범위 3가지를 쓰시오.

① 자율안전기준에서 정한 기준에 미달되지 않는 것
② 주요구조부의 변경이 아닌 것
③ 방호장치가 동일 종류로서 동등급 이상인 것
④ 스위치·계전기·계기류 등의 부품이 동등급 이상인 것

13

도끼로 나무를 자르는데 소요된 에너지는 분당 $8kcal$, 작업에 대한 평균에너지 $5kcal/\min$, 휴식에너지 $1.5kcal/\min$, 작업시간 1시간일 때 휴식시간 $[\min]$ 을 구하시오.

$$R = \frac{60(E-5)}{E-1.5} = \frac{60(8-5)}{8-1.5} = 27.69\text{min}$$

*휴식시간(R)

$$R = \frac{60(E-5)}{E-1.5}$$

R : 휴식시간
E : 주어진 작업 시 필요한 에너지
$5[kcal/\min]$: 기초 대사량 포함 평균 에너지
(기초 대사량 포함하지 않는 경우 : $4[kcal/\min]$)
$60[\min]$: 작업시간

14

A 사업장의 제품의 수명은 지수분포를 따르며, 평균 수명은 1000시간일 때 다음을 구하시오.

(1) 새로 구입한 제품이 향후 500시간 동안 고장 없이 작동할 확률
(2) 이미 1000시간을 사용한 제품이 향후 500시간 이상 견딜 확률

$$(1)\ R_1 = e^{-\lambda t} = e^{-\frac{t}{t_0}} = e^{-\frac{500}{1000}} = 0.61$$

$$(2)\ R_2 = e^{-\lambda t} = e^{-\frac{t}{t_0}} = e^{-\frac{500}{1000}} = 0.61$$

01

콘크리트 구조물로 옹벽을 축조할 경우, 필요한 안정 조건 3가지를 쓰시오.

① 전도에 대한 안정
② 지반 지지력에 대한 안정
③ 활동에 대한 안정

02

다음 보기의 「산업안전보건법」상 위험물의 종류에 있어 다음 각 물질에 해당하는 것을 각각 2가지씩 고르시오.

[보기]
① 황   ② 염소산   ③ 하이드라진 유도체   ④ 아세톤
⑤ 과망간산   ⑥ 니트로소화합물   ⑦ 수소   ⑧ 리튬

(1) 폭발성 물질 및 유기과산화물
(2) 물반응성 물질 및 인화성 고체

(1) ③, ⑥
(2) ①, ⑧

*해당 위험물의 종류

폭발성물질 및 유기과산화물	물반응성물질 및 인화성고체
① 질산에스테르 ② 니트로화합물 ③ 니트로소화합물 ④ 아조화합물 ⑤ 디아조화합물 ⑥ 하이드라진 유도체 ⑦ 유기과산화물	① 리튬 ② 칼륨·나트륨 ③ 황 ④ 황린 ⑤ 황화인·적린 ⑥ 셀룰로이드류 ⑦ 알킬알루미늄·알킬리튬 ⑧ 마그네슘분 ⑨ 금속분 ⑩ 알칼리금속 ⑪ 유기금속화합물 ⑫ 금속의 수소화물 ⑬ 금속의 인화물 ⑭ 칼슘 탄화물·알루미늄 탄화물

03   산업안전 보건법 개정으로 폐지된 내용입니다.

「산업안전보건법」상 무재해운동을 추진하던 도중에 사고 또는 재해가 발생하더라도 무재해로 인정되는 경우 4가지를 쓰시오.

① 출·퇴근 도중 발생한 재해
② 제3자의 행위에 의한 업무상 재해
③ 운동경기 등 각종 행사 중 발생한 재해
④ 뇌혈관질환 또는 심장질환에 의한 재해
⑤ 업무시간 외 발생한 재해

04

기계설비의 근원적 안전을 확보하기 위한 안전화 방법 4가지를 쓰시오.

① 기능의 안전화
② 구조의 안전화
③ 외형의 안전화
④ 보전작업의 안전화

05

아세틸렌 또는 가스집합 용접장치에 설치하는 역화 방지기 성능시험 종류 4가지를 쓰시오.

① 역화방지시험
② 역류방지시험
③ 내압시험
④ 기밀시험
⑤ 가스압력손실시험

06

「산업안전보건법」상 안내표지의 종류 4가지를 쓰시오.

① 녹십자표지
② 응급구호표지
③ 들것
④ 세안장치
⑤ 비상구
⑥ 좌측비상구
⑦ 우측비상구
⑧ 비상용기구

*안내표지

녹십자표지	응급구호표지	들것	세안장치
비상구	좌측비상구	우측비상구	비상용기구

07

「산업안전보건법」에 따른 공정안전보고서 포함사항 4가지를 쓰시오.

① 공정안전자료
② 공정위험성 평가서
③ 안전운전계획
④ 비상조치계획

08

다음 재해 통계지수에 관하여 각각 설명하시오.

[보기]
① 연천인율   ② 강도율   ③ 도수율

① 근로자 1000명당 1년간 발생하는 재해발생자수의 비율
② 연간 총 근로시간 1000시간당 재해발생으로 인한 근로손실일수
③ 연간 총 근로시간 100만시간당 재해발생 건수

09

인간-기계 통합시스템에서 시스템이 갖는 기능 4가지를 쓰시오.

① 감지
② 행동
③ 정보보관
④ 정보처리 및 의사결정
⑤ 출력

10

「산업안전보건법」상 굴착면에 높이가 $2m$ 이상이 되는 지반의 굴착작업을 하는 경우 작업장의 지형·지반 및 지층 상태 등에 대한 사전조사 후 작성하여야 하는 작업계획서의 포함사항 4가지를 쓰시오.

① 굴착방법 및 순서, 토사 반출 방법
② 필요한 인원 및 장비 사용계획
③ 매설물 등에 대한 이설·보호대책
④ 사업장 내 연락방법 및 신호방법
⑤ 흙막이 지보공 설치방법 및 계측계획
⑥ 작업지휘자의 배치계획

11

다음 보기는 「산업안전보건법」상 의무안전 인증대상 기계·기구 및 설비, 방호장치 또는 보호구에 해당하는 것을 4가지만 골라쓰시오.

> [보기]
> ① 안전대 ② 연삭기 덮개 ③ 파쇄기 ④ 산업용 로봇
> ⑤ 압력용기 ⑥ 양중기용 과부하방지장치
> ⑦ 교류아크용접기용 자동전격방지기 ⑧ 이동식 사다리
> ⑨ 동력식 수동대패용 칼날 접촉방지장치
> ⑩ 용접용 보안면

①, ⑤, ⑥, ⑩

*안전인증대상 기계·기구 등

기계·기구 및 설비	① 프레스 ② 전단기 및 절곡기 ③ 크레인 ④ 리프트 ⑤ 압력용기 ⑥ 롤러기 ⑦ 사출성형기 ⑧ 고소 작업대 ⑨ 곤돌라
방호장치	① 프레스 및 전단기 방호장치 ② 양중기용 과부하방지장치 ③ 보일러 압력방출용 안전밸브 ④ 압력용기 압력방출용 안전밸브 ⑤ 압력용기 압력방출용 파열판 ⑥ 절연용 방호구 및 활선작업용 기구 ⑦ 방폭구조 전기기계·기구 및 부품 ⑧ 추락·낙하 및 붕괴 등의 위험방지 및 보호에 필요한 가설기자재로서 고용노동부장관이 정하여 고시하는 것
보호구	① 추락 및 감전 위험방지용 안전모 ② 안전화 ③ 안전장갑 ④ 방진마스크 ⑤ 방독마스크 ⑥ 송기마스크 ⑦ 전동식 호흡보호구 ⑧ 보호복 ⑨ 안전대 ⑩ 차광 및 비산물 위험방지용 보안경 ⑪ 용접용 보안면 ⑫ 방음용 귀마개 또는 귀덮개

12

다음 그림은 안전관리의 주요대상인 4M과 안전 대책인 3E와의 관계도를 나타낸 것일 때 빈칸을 채우시오.

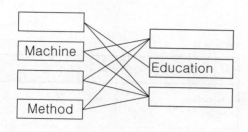

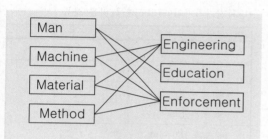

*안전관리의 주요대상 4M·안전대책 3E의 종류

4M	3E
① Man	
② Machine	① Engineering
③ Material	② Education
④ Method	③ Enforcement

13

다음과 같은 그림의 구조에 시스템이 있을 때 2번 부품 (X_2)의 고장을 초기사상으로 하여 사건 나무(Event Tree)를 각 가지마다 시스템의 작동여부를 "작동" 또는 "고장"으로 표시하시오.

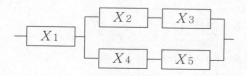

X_3은 X_2가 고장이므로 사건 나무(Event Tree)에서 제외한다.

14

전압이 $300\,V$인 충전부분에 작업자의 물에 젖은 손이 접촉되어 감전 후 사망하였을 때 다음을 구하시오.
(단, 인체의 저항 $1000\,\Omega$이다.)

(1) 심실세동전류[mA]
(2) 통전시간[ms]

(1) $R = 1000 \times \dfrac{1}{25} = 40\Omega$

($ 손이 물에 젖으면 \dfrac{1}{25} 감소$)

$V = IR$에서,

$\therefore I = \dfrac{V}{R} = \dfrac{300}{40} = 7.5A = 7500mA$

(2) $I = \dfrac{165}{\sqrt{T}}[mA] \Rightarrow \sqrt{T} = \dfrac{165}{I}$

$\therefore T = \dfrac{165^2}{I^2} = \dfrac{165^2}{7500^2} = 0.00048s = 0.48ms$

*인체의 전기저항

경우	기준
습기가 있는 경우	건조 시 보다 $\dfrac{1}{10}$ 저하
땀에 젖은 경우	건조 시 보다 $\dfrac{1}{12} \sim \dfrac{1}{20}$ 저하
물에 젖은 경우	건조 시 보다 $\dfrac{1}{25}$ 저하

01

다음 보기를 참고하여 방폭구조의 표시를 쓰시오.

[보기]
- 방폭구조 : 용기 내 폭발 시 용기가 폭발 압력을 견디며 틈을 통해 냉각효과로 인하여 외부에 인화될 우려가 없는 구조
- 최대안전틈새 : 0.8mm
- 최고표면온도 : 180℃

Ex d IIB T3

*방폭구조의 종류와 기호

종류	내용
내압 방폭구조 (d)	용기 내 폭발 시 용기가 폭발 압력을 견디며 틈을 통해 냉각효과로 인하여 외부에 인화될 우려가 없는 구조
압력 방폭구조 (p)	용기 내에 보호가스를 압입시켜 폭발성 가스나 증기가 용기 내부에 유입되지 않도록 되어있는 구조
안전증 방폭구조 (e)	정상 운전 중에 점화원 방지를 위해 기계적, 전기적 구조상 혹은 온도 상승에 대해 안전도를 증가한 구조
유입 방폭구조 (o)	전기불꽃, 아크, 고온 발생 부분을 기름으로 채워 폭발성 가스 또는 증기에 인화되지 않도록 한 구조
본질안전 방폭구조 (ia, ib)	정상 동작 시, 사고 시(단선, 단락, 지락)에 폭발 점화원의 발생이 방지된 구조
비점화 방폭구조 (n)	정상 동작 시 주변의 폭발성 가스 또는 증기에 점화시키지 않고 점화 가능한 고장이 발생되지 않는 구조
몰드 방폭구조 (m)	전기불꽃, 고온 발생 부분은 컴파운드로 밀폐한 구조

*폭발등급

가스 그룹	최대안전틈새	가스 명칭
IIA	0.9mm 이상	프로판 가스
IIB	0.5mm 초과 0.9mm 미만	에틸렌 가스
IIC	0.5mm 이하	수소 또는 아세틸렌 가스

*방폭전기기기의 최고표면에 따른 분류

최고표면온도의 범위[℃]	온도등급
300 초과 450 이하	T1
200 초과 300 이하	T2
135 초과 200 이하	T3
100 초과 135 이하	T4
85 초과 100 이하	T5
85 이하	T6

02

시스템 안전 프로그램(SSPP)의 포함사항 4가지를 쓰시오.

---

① 안전조직
② 안전성 평가
③ 안전자료의 수집과 갱신
④ 안전기준
⑤ 안전해석
⑥ 계획의 개요
⑦ 계약조건
⑧ 관련부문과의 조정
⑨ 경과 및 결과의 보고

03

다음 보기는 「산업안전보건법」상 목재가공용 둥근톱에 대한 방호장치 중 분할날이 갖추어야할 사항일 때 빈칸을 채우시오.

[보기]
- 분할날의 두께는 둥근톱 두께의 (①)배 이상으로 한다.
- 견고히 고정할 수 있으며 분할날과 톱날 원주면과의 거리는 (②)mm 이내로 조정, 유지할 수 있어야 한다.
- 표준 테이블면 상의 톱 뒷날의 (③) 이상을 덮도록 한다.

① 1.1 ② 12 ③ $\frac{2}{3}$

*분할날 설치조건
① 분할날의 두께는 둥근톱 두께의 1.1배 이상일 것
② 견고히 고정할 수 있으며 분할날과 톱날 원주면과의 거리는 12mm 이내로 조정·유지할 수 있어야 하고 표준 테이블면 상의 톱 뒷날의 $\frac{2}{3}$ 이상을 덮도록 할 것
③ 톱날 등 분할 날에 대면하고 있는 부분 및 송급하는 가공재의 상면에서 덮개 하단까지의 간격이 8mm 이하가 되게 위치를 조정해 주어야 한다. 또한 덮개의 하단이 테이블면 위치로 25mm 이상 높이로 올릴 수 있게 스토퍼를 설치한다.

04

유해물질의 취급 등으로 근로자에게 유해한 작업에 있어서 해당 원인을 제거하기 위한 조치사항 3가지를 쓰시오.

① 대치 ② 격리 ③ 환기

05

보일러의 발생증기의 이상현상 중 하나인 캐리오버 현상의 원인 4가지를 쓰시오.

① 보일러의 관수 수위가 높을 때
② 증기발생 속도가 빠를 때
③ 부하의 급격한 변화
④ 주증기 밸브의 급개
⑤ 기수분리기에 이상이 생길 때

06

다음 보기는 「산업안전보건법」에 따른 달비계의 적재하중을 정하려할 때 빈칸을 채우시오.

[보기]
- 달기 와이어로프 및 달기강선의 안전계수 : (①) 이상
- 달기체인 및 달기훅의 안전계수 : (②) 이상
- 달기강대와 달비계의 하부 및 상부 지점의 안전계수는 강재의 경우 (③) 이상, 목재의 경우 (④) 이상

① 10 ② 5 ③ 2.5 ④ 5

07

「산업안전보건법」상 안전보건 표지 중 "응급구호표지"를 그리시오.
(단, 색상표시는 글자로 나타내시오.)

바탕 : 녹색
도형 : 흰색

08

「산업안전보건법」상 물질안전보건자료(MSDS)의 작성
·비치대상에서 제외되는 화학물질 4가지를 쓰시오.

① 「화장품법」에 따른 화장품
② 「농약관리법」에 따른 농약
③ 「폐기물관리법」에 따른 폐기물
④ 「비료관리법」에 따른 비료
⑤ 「사료관리법」에 따른 사료
⑥ 「생활주변방사선 안전관리법」에 따른 원료물질
⑦ 「생활화학제품 및 살생물질의 안전관리에 관한
   법률」에 따른 안전확인대상생활화학제품 및
   살생물제품 중 일반소비자의 생활용으로 제공
   되는 제품
⑧ 「식품위생법」에 따른 식품 및 식품첨가물
⑨ 「약사법」에 따른 의약품 및 의약외품
⑩ 「위생용품 관리법」에 따른 위생용품
⑪ 「원자력안전법」에 따른 방사성물질
⑫ 「의료기기법」에 따른 의료기기
⑬ 「총포·도검·화약류 등의 안전관리에 관한법률」
   에 따른 화약류
⑭ 「마약류 관리에 관한 법률」에 따른 마약 및
   향정신성의약품
⑮ 「건강기능식품에 관한 법률」에 따른 건강기능
   식품
⑯ 「첨단재생의료 및 첨단바이오의약품 안전 및
   지원에 관한 법률」에 따른 첨단바이오의약품

09

「산업안전보건법」상 로봇작업에 대한 특별 안전보건
교육을 실시할 때 교육내용 4가지를 쓰시오.

① 로봇의 기본원리·구조 및 작업방법에 관한 사항
② 이상 발생 시 응급조치에 관한 사항
③ 조작방법 및 작업순서에 관한 사항
④ 안전시설 및 안전기준에 관한 사항

10

하인리히 사고예방대책 기본원리 5단계를 단계 순서
대로 쓰시오.

1단계 : 안전조직
2단계 : 사실의 발견(현상파악)
3단계 : 분석
4단계 : 시정방법의 선정
5단계 : 시정책 적용

11

다음 보기는 「산업안전보건법」에 따른 내용일 때 빈칸
을 채우시오.

[보기]
- 화물을 취급하는 작업 등에 사업주는 바닥으로부터의
  높이가 $2m$ 이상 되는 하적단과 인접 하적단 사이의 간격
  을 하적단의 밑부분을 기준하여 (①)cm 이상으로 하
  여야 한다.
- 부두 또는 안벽의 선을 따라 통로를 설치하는 경우에는
  폭을 (②)cm 이상으로 할 것
- 육상에서의 통로 및 작업장소로서 다리 또는 선거 갑문을
  넘는 보도 등의 위험한 부분에는 (③) 또는 울타리 등
  을 설치할 것

① 10   ② 90   ③ 안전난간

12

다음 보기를 참고하여 「산업안전보건법」에 따라 산업재해조사표를 작성하려할 때 산업재해조사표의 주요 작성항목이 아닌 것 4가지를 고르시오.

[보기]
① 재해자의 국적   ② 보호자의 성명   ③ 재해발생 일시
④ 고용형태   ⑤ 휴업예상일수   ⑥ 급여수준
⑦ 응급조치 내역   ⑧ 재해자의 직업   ⑨ 재해자 복귀일시

②, ⑥, ⑦, ⑨

*산업재해조사표[개정 2021.11.19]

13

「산업안전보건법」상 크레인 작업시작 전 점검사항 2가지 쓰시오.

① 권과방지장치·브레이크·클러치 및 운전장치의 기능
② 주행로의 상측 및 트롤 리가 횡행하는 레일의 상태
③ 와이어로프가 통하고 있는 곳의 상태

*크레인·이동식크레인 작업시작 전 점검사항

종류	작업시작 전 점검사항
크레인	① 권과방지장치·브레이크·클러치 및 운전장치의 기능 ② 주행로의 상측 및 트롤 리가 횡행하는 레일의 상태 ③ 와이어로프가 통하고 있는 곳의 상태
이동식 크레인	① 권과방지장치나 그 밖의 경보장치의 기능 ② 브레이크·클러치 및 조정장치의 기능 ③ 와이어로프가 통하고 있는 곳 및 작업장소의 지반상태

14

A 사업장의 기계를 1시간 가동할 때 고장 발생 확률이 0.004일 때 다음을 구하시오.

(1) 평균고장간격($MTBF$)[시간]
(2) 10시간 가동할 때의 신뢰도(R)

(1) $MTBF = \dfrac{1}{\lambda} = \dfrac{1}{0.004} = 250$시간

(2) $R = e^{-\lambda t} = e^{-0.004 \times 10} = 0.96$

01

다음 보기를 참고하여 「산업안전보건법」에 따라 산업 재해 조사표를 작성하려 할 때 재해발생 개요를 작성하시오.

[보기]

사출성형부 플라스틱 용기 생산 1팀 사출공정에서 재해자 A와 동료근로자 B가 같이 작업했었으며 재해자 A가 사출성형기 2호기에서 플라스틱 용기를 꺼낸 후 금형을 점검하던 도중 재해자가 점검중임을 모르던 동료근로자 B가 사출성형기 조작스위치를 가동하여 금형사이에 재해자 A가 끼어 사망하였다. 재해당시 사출성형기 도어인터록 장치는 설치가 되어있었으나 고장중이어서 기능을 상실한 상태였고, 점검과 관련하여 "수리중·조작금지"의 안전 표지판이나, 전원스위치 작동금지용 잠금장치는 설치하지 않은 상태에서 동료근로자가 조작스위치를 잘못 조작하여 재해가 발생하였다.

(1) 어디서
(2) 누가
(3) 무엇을
(4) 어떻게

(1) 어디서
 : 사출성형부 플라스틱 용기 생산 1팀 사출공정에서

(2) 누가
 : 재해자 A와 동료근로자 B가 같이 작업했었으며

(3) 무엇을
 : 재해자 A가 사출성형기 2호기에서 플라스틱 용기를 꺼낸 후 금형을 점검하던 도중

(4) 어떻게
 : 재해자가 점검중임을 모르던 동료근로자 B가 사출성형기 조작스위치를 가동하여 금형사이에 재해자 A가 끼어 사망하였다.

02

「산업안전보건법」상 사업주의 의무와 근로자의 의무 각각 2가지씩 쓰시오.

① 사업주의 의무
 ㉠ 이 법과 이 법에 의한 명령에서 정하는 산업 재해예방을 위한 기준을 준수할 것
 ㉡ 근로자의 신체적 피로와 정신적 스트레스 등을 줄일 수 있는 쾌적한 작업환경을 조성하고 근로조건을 개선할 것
 ㉢ 해당 사업장의 안전보건에 관한 정보를 근로자에게 제공할 것

② 근로자의 의무
 ㉠ 이 법과 이 법에 의한 명령에서 정하는 산업 재해예방을 위한 기준을 준수할 것
 ㉡ 사업주 또는 근로감독관, 공단 등 관계자가 실시하는 산업재해 방지에 관한 조치에 준수할 것

03

「산업안전보건법」상 채용 시 교육 및 작업내용 변경 시 교육내용 4가지를 쓰시오.

① 산업안전 및 사고 예방에 관한 사항
② 산업보건 및 직업병 예방에 관한 사항
③ 산업안전보건법령 및 산업재해보상보험 제도에 관한 사항
④ 직무스트레스 예방 및 관리에 관한 사항
⑤ 직장 내 괴롭힘, 고객의 폭언 등으로 인한 건강 장해 예방 및 관리에 관한 사항

*교육 구분

구분	내용
채용 시 교육 및 작업내용 변경 시 교육	① 산업안전 및 사고 예방에 관한 사항 ② 산업보건 및 직업병 예방에 관한 사항 ③ 위험성 평가에 관한 사항 ④ 산업안전보건법령 및 산업재해보상보험 제도에 관한 사항 ⑤ 직무스트레스 예방 및 관리에 관한 사항 ⑥ 직장 내 괴롭힘, 고객의 폭언 등으로 인한 건강장해 예방 및 관리에 관한 사항 ⑦ 기계·기구의 위험성과 작업의 순서 및 동선에 관한 사항 ⑧ 작업 개시 전 점검에 관한 사항 ⑨ 정리정돈 및 청소에 관한 사항 ⑩ 사고 발생 시 긴급조치에 관한 사항 ⑪ 물질안전보건자료에 관한 사항
근로자 정기교육	① 산업안전 및 사고 예방에 관한 사항 ② 산업보건 및 직업병 예방에 관한 사항 ③ 위험성 평가에 관한 사항 ④ 건강증진 및 질병 예방에 관한 사항 ⑤ 유해·위험 작업환경 관리에 관한 사항 ⑥ 산업안전보건법령 및 산업재해보상보험 제도에 관한 사항 ⑦ 직무스트레스 예방 및 관리에 관한 사항 ⑧ 직장 내 괴롭힘, 고객의 폭언 등으로 인한 건강장해 예방 및 관리에 관한 사항
관리감독자 정기교육	① 산업안전 및 사고 예방에 관한 사항 ② 산업보건 및 직업병 예방에 관한 사항 ③ 위험성평가에 관한 사항 ④ 유해·위험 작업환경 관리에 관한 사항 ⑤ 산업안전보건법령 및 산업재해보상보험 제도에 관한 사항 ⑥ 직무스트레스 예방 및 관리에 관한 사항 ⑦ 직장 내 괴롭힘, 고객의 폭언 등으로 인한 건강장해 예방 및 관리에 관한 사항 ⑧ 작업공정의 유해·위험과 재해 예방 대책에 관한 사항 ⑨ 사업장 내 안전보건관리체제 및 안전·보건조치 현황에 관한 사항 ⑩ 표준안전 작업방법 및 지도 요령에 관한 사항 ⑪ 안전보건교육 능력 배양에 관한 사항 ⑫ 비상시 또는 재해 발생시 긴급조치에 관한 사항 ⑬ 관리감독자의 역할과 임무에 관한 사항

04

Fail Safe의 기능적 분류 3가지를 쓰시오.

① Fail Passive
② Fail Active
③ Fail Operational

*페일 세이프(Fail Safe)의 기능적 분류

단계	세부내용
1단계 Fail Passive	부품이 고장나면 운행을 통상 정지
2단계 Fail Active	부품이 고장나면 기계는 경보를 울리는 가운데 짧은 시간동안 운전 가능
3단계 Fail Operational	부품에 고장이 있어서 기계는 추후의 보수가 될 때 까지 기능을 유지

05

「산업안전보건법」상 산업안전보건위원회의 회의록 작성 사항 3가지를 쓰시오.

① 개최일시 및 장소
② 출석위원
③ 심의내용 및 의결·결정사항
④ 그 밖의 토의사항

06

와이어로프의 꼬임형식 2가지를 쓰시오.

① 보통꼬임   ② 랭꼬임

07

연소의 3요소와 소화방법을 쓰시오.

① 가연물 : 제거소화
② 산소공급원 : 질식소화
③ 점화원 : 냉각소화

08

다음 보기는 「산업안전보건법」상 신규 화학물질의 제조 및 수입 등에 관한 설명 일 때 빈칸을 채우시오.

[보기]
신규화학물질을 제조하거나 수입하려는 자는 제조하거나 수입하려는 날 (①)일 전까지 신규화학물질 유해성 · 위험성 조사보고서에 따른 서류를 첨부하여 (②)에게 제출할 것

① 30   ② 고용노동부장관

09

인간-기계 통합시스템에서 시스템이 갖는 기능 5가지를 쓰시오.

① 감지
② 행동
③ 정보보관
④ 정보처리 및 의사결정
⑤ 출력

10

「산업안전보건법」상 콘크리트 타설작업 시 준수사항 3가지를 쓰시오.

① 콘크리트를 타설하는 경우에는 편심이 발생하지 않도록 골고루 분산하여 타설할 것
② 콘크리트 타설작업 시 거푸집 붕괴의 위험이 발생할 우려가 있으면 충분한 보강조치를 할 것
③ 설계도서상의 콘크리트 양생기간을 준수하여 거푸집동바리등을 해체할 것
④ 당일의 작업을 시작하기 전에 해당 작업에 관한 거푸집동바리등의 변형·변위 및 지반의 침하 유무 등을 점검하고 이상이 있으면 보수할 것
⑤ 작업 중에는 거푸집동바리등의 변형·변위 및 침하 유무 등을 감시할 수 있는 감시자를 배치하여 이상이 있으면 작업을 중지하고 근로자를 대피시킬 것

11

「산업안전보건법」상 일반적인 장소의 누전 차단기의 다음 각 물음에 답하시오.

(1) 정격감도전류
(2) 동작시간

① 30mA 이하　② 0.03초 이내

*누전차단기의 정격감도전류 및 동작시간

정격감도전류	일반장소	30mA
	물기 많은 장소	15mA
동작시간	정격감도전류	0.03초 이내

12

「산업안전보건법」상 도급사업의 합동 안전·보건점검을 할 때 점검반으로 구성하여야 하는 사람의 3가지 경우를 쓰시오.

① 도급인
② 관계수급인
③ 도급인 및 관계수급인의 근로자 각 1명

13

경고표지와 지시표지의 번호를 각각 전부 쓰시오.

①	②	③	④
⑤	⑥	⑦	⑧
⑨	⑩		

경고표지 : ①, ③, ⑤, ⑥, ⑨, ⑩
지시표지 : ②, ④, ⑦, ⑧

*경고표지

인화성물질 경고	산화성물질 경고	폭발성물질 경고	급성독성 물질경고
부식성물질 경고	방사성물질 경고	고압전기 경고	매달린물체 경고
낙하물 경고	고온 경고	저온 경고	몸균형상실 경고
레이저광선 경고	위험장소 경고	발암성 · 변이원성 · 생식 독성 · 전신독성 · 호흡기 과민성물질 경고	

*지시표지

보안경 착용	방독마스크 착용	방진마스크 착용	보안면 착용
안전모 착용	귀마개 착용	안전화 착용	안전장갑 착용
안전복 착용			

14

고장률이 1시간당 0.01로 일정한 기계가 있을 때 이 기계에서 처음 100시간동안 고장이 발생할 확률을 구하시오.

신뢰도 $= e^{-\lambda t} = e^{-(0.01 \times 100)} = 0.37$

$\therefore$ 고장발생확률(불신뢰도) $=1-$신뢰도$=1-0.37=0.63$

01

「산업안전보건법」상 연삭기 덮개의 성능기준에 따라 각도를 각각 쓰시오.
(단, 이상, 이내 등 정확히 구분하여 쓰시오.)

연삭기 덮개 그림
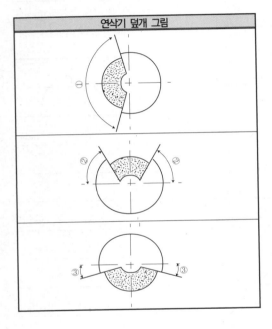

① 125° 이내
② 60° 이상
③ 15° 이상

*연삭기 각도

그림	용도
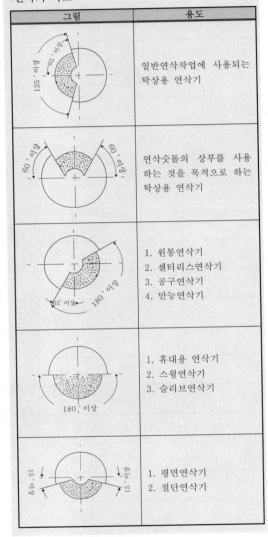	일반연삭작업에 사용되는 탁상용 연삭기
	연삭숫돌의 상부를 사용하는 것을 목적으로 하는 탁상용 연삭기
	1. 원통연삭기 2. 센터리스연삭기 3. 공구연삭기 4. 만능연삭기
	1. 휴대용 연삭기 2. 스윙연삭기 3. 슬리브연삭기
	1. 평면연삭기 2. 절단연삭기

02

다음 보기의 공업용 가스 용기의 색채를 각각 쓰시오.

```
[보기]
① 산소  ② 암모니아  ③ 아세틸렌  ④ 질소
```

① 산소 – 녹색
② 암모니아 – 백색
③ 아세틸렌 – 황색
④ 질소 – 회색

*공업용 용기의 도색

고압가스	도색
산소	녹색
수소	주황색
염소	갈색
탄산가스	청색
석유가스 or 질소	회색
아세틸렌	황색
암모니아	백색

03

산업안전 보건법 개정으로 폐지된 내용입니다.

위험예지훈련 4단계를 쓰시오.

1단계 : 현상파악
2단계 : 본질추구
3단계 : 대책수립
4단계 : 목표설정

*위험예지훈련 제4단계(4라운드)

단계	내용
제1단계	현상파악
제2단계	본질추구
제3단계	대책수립
제4단계	목표설정

04

「산업안전보건법」상 내전압용 절연장갑의 성능 기준인 표의 빈칸을 채우시오.

등급	색상	최대사용전압	
		교류(V, 실효값)	직류(V)
00	갈색	500	①
0	빨간색	②	1500
1	흰색	7500	11250
2	노란색	17000	25500
3	녹색	26500	39750
4	등색	③	④

① 750 ② 1000 ③ 36000 ④ 54000

*절연장갑의 등급 및 색상

등급	색상	최대사용전압	
		교류(V, 실효값)	직류(V)
00	갈색	500	750
0	빨간색	1000	1500
1	흰색	7500	11250
2	노란색	17000	25500
3	녹색	26500	39750
4	등색	36000	54000
비고 : 직류＝1.5×교류			

05

「산업안전보건법」상 와이어로프의 사용금지 기준 4가지를 쓰시오.

① 이음매가 있는 것
② 꼬인 것
③ 심하게 변형되거나 부식된 것
④ 열과 전기충격에 의해 손상된 것
⑤ 지름의 감소가 공칭지름의 7%를 초과한 것
⑥ 와이어로프의 한 꼬임에서 끊어진 소선의 수가 10% 이상인 것

06

「산업안전보건법」상 사업주는 잠함 또는 우물통의 내부에서 근로자가 굴착작업을 하는 경우에 잠함 또는 우물통의 급격한 침하에 의한 위험을 방지하기 위하여 준수하여야 할 사항 2가지를 쓰시오.

① 침하관계도에 따른 굴착방법 및 재하량 등을 정할 것
② 바닥으로부터 천장 또는 보까지의 높이는 $1.8m$ 이상으로 할 것

07

PHA의 목표를 달성하기 위한 특징 4가지를 쓰시오.

① 식별된 사고를 파국적·위기적·한계적·무시의 4가지 카테고리로 분리
② 사고요인 식별
③ 시스템의 모든 주요사고요인 식별하고 사고를 대략적으로 표현
④ 사고를 가정한 후 시스템에 생기는 결과를 식별하고 평가

08

다음 보기의 위험점에 대한 정의를 쓰시오.

[보기]
① 협착점   ② 끼임점   ③ 물림점   ④ 회전말림점

① 협착점
: 왕복운동을 하는 동작부분과 움직임이 없는 고정부분 사이에 형성되는 위험점

② 끼임점
: 고정부분과 회전하는 동작 부분이 함께 만드는 위험점

③ 물림점
: 회전하는 2개의 회전체에 물려 들어가는 위험점

④ 회전말림점
: 회전하는 물체에 작업복 등이 말려드는 위험점

*기계설비의 6가지 위험점

위험점	그림	설명
협착점		왕복운동을 하는 동작 부분과 움직임이 없는 고정 부분 사이에 형성되는 위험점 ex) 프레스전단기, 성형기, 조형기 등
끼임점	운동부분 끼임점	고정 부분과 회전하는 동작 부분이 함께 만드는 위험점 ex) 연삭숫돌과 하우스, 교반기 날개와 하우스, 왕복 운동을 하는 기계 등
절단점		회전하는 운동 부분 자체의 위험에서 초래되는 위험점 ex) 목공용 띠톱부분, 밀링 커터부분 등
물림점		서로 반대방향으로 맞물려 회전하는 2개의 회전체에 물려 들어가는 위험점 ex) 기어, 롤러 등
접선물림점		회전하는 부분의 접선 방향으로 물려 들어가는 위험점 ex) V벨트풀리, 평벨트, 체인과 스프로킷 등
회전말림점		회전하는 물체에 작업복 등이 말려드는 위험점 ex) 회전축, 커플링, 드릴 등

09

「산업안전보건법」상 관리감독자의 업무 4가지를 쓰시오.

① 해당 사업장의 산업보건의, 안전관리자 및 보건관리자의 지도·조언에 대한 협조
② 해당 작업의 작업장 정리·정돈 및 통로확보에 대한 확인·감독
③ 해당 작업에서 발생한 산업재해에 관한 보고 및 이에 대한 응급조치
④ 관리감독자에게 소속된 근로자의 작업복·보호구 및 방호장치의 점검과 그 착용·사용에 관한 교육·지도
⑤ 사업장 내 관리감독자가 지휘·감독하는 작업과 관계된 기계·기구 또는 설비의 안전·보건 점검 및 이상 유무의 확인

*산업재해조사표[개정 2021.11.19]

10

다음 보기를 참고하여 「산업안전보건법」에 따라 산업재해조사표를 작성하려할 때 산업 재해조사표의 주요 작성항목이 아닌 것 4가지를 고르시오.

[보기]
① 발생일시 ② 목격자 인적사항 ③ 재해발생 당시 상황
④ 상해종류(질병명) ⑤ 고용형태 ⑥ 재해발생원인
⑦ 가해물 ⑧ 치료·요양기관 ⑨ 재해발생후 첫 출근일자

②, ⑦, ⑧, ⑨

11

다음 보기를 참고하여 위험성평가 실시 순서를 번호로 나열하시오.

[보기]
① 파악된 유해·위험요인별 위험성의 추정
② 근로자의 작업과 관계되는 유해·위험요인의 파악
③ 평가대상의 선정 등 사전준비
④ 위험성평가 실시내용 및 결과에 관한 기록
⑤ 위험성 감소대책의 수립 및 실행
⑥ 추정한 위험성이 허용 가능한 위험성인지 여부의 결정

③ → ② → ① → ⑥ → ⑤ → ④

*위험성평가 실시 순서
준비 → 파악 → 추정 → 결정 → 실행 → 기록

12

「산업안전보건법」상 자율검사프로그램의 인정을 취소하거나 인정받은 자율검사프로그램의 내용 따라 검사를 하도록 개선을 명할 수 있는 경우 2가지를 쓰시오.

① 거짓이나 그 밖의 부정한 방법으로 자율검사 프로그램을 인정받은 경우
② 자율검사프로그램을 인정받고도 검사를 하지 아니한 경우
③ 인정받은 자율검사프로그램의 내용에 따라 검사를 하지 아니한 경우

13   산업안전 보건법 개정으로 폐지된 내용입니다.

접지공사 종류에서 접지저항값 및 접지선의 굵기에 대한 표의 빈칸을 채우시오.

종별	접지저항	접지선의 굵기
제1종	10Ω 이하	①
제2종	$\dfrac{150}{1선\ 지락전류}\ \Omega$ 이하	②
제3종	$100\ \Omega$ 이하	③
특별 제3종	10Ω 이하	④

2021년 KEC 법 개정으로 인해 접지대상에 따라 일괄 적용한 종별접지가 폐지되어 정답이 없습니다.

14

고장률이 1시간당 0.01로 일정한 기계가 있을 때 이 기계에서 처음 100시간동안 고장이 발생할 확률을 구하시오.

신뢰도 $= e^{-\lambda t} = e^{-(0.01 \times 100)} = 0.37$

$\therefore$ 고장발생확률(불신뢰도) $= 1 -$ 신뢰도 $= 1 - 0.37 = 0.63$

01

「산업안전보건법」상 지게차의 헤드가드가 갖추어야 할 사항 2가지를 쓰시오.

① 강도는 지게차의 최대하중의 2배 값(4톤을 넘는 값에 대해서는 4톤으로 한다.)의 등분포정하중에 견딜 수 있을 것
② 상부틀의 각 개구의 폭 또는 길이가 16cm 미만일 것
③ 운전자가 앉아서 조작하거나 서서 조작하는 지게차의 헤드가드는 한국산업표준에서 정하는 높이 기준 이상일 것 (입식 : 1.88m, 좌식 : 0.903m)

02

폭발등급에 따른 안전간격과 가스명칭을 쓰시오.

가스 그룹	최대안전틈새	가스 명칭
IIA	0.9mm 이상	프로판 가스
IIB	0.5mm 초과 0.9mm 미만	에틸렌 가스
IIC	0.5mm 이하	수소 또는 아세틸렌 가스

03

중대사고 발생 시 노동부에 구두나 유선으로 보고하여야 하는 사항 4가지를 쓰시오.

① 발생개요
② 피해상황
③ 조치
④ 전망

04

「산업안전보건법」상 근로자가 반복하여 계속적으로 중량물을 취급하는 작업할 때 작업시작 전 점검사항 2가지를 쓰시오.

① 중량물 취급의 올바른 자세 및 복장
② 위험물이 날아 흩어짐에 따른 보호구의 착용
③ 카바이드·생석회 등과 같이 온도상승이나 습기에 의하여 위험성이 존재하는 중량물의 취급방법

05

다음 표는 화재의 구분일 때 빈칸을 채우시오.

등급	종류	색
A급	일반화재	①
B급	②	③
C급	④	청색
D급	⑤	무색

① 백색
② 유류화재
③ 황색
④ 전기화재
⑤ 금속화재

*화재의 구분

등급	종류	색	소화방법
A급	일반화재	백색	냉각소화
B급	유류화재	황색	질식소화
C급	전기화재	청색	질식소화
D급	금속화재	무색	피복소화

06

아세틸렌 용접기 도관의 점검항목 3가지를 쓰시오.

① 밸브의 작동상태
② 누출의 유무
③ 역화방지기 접속부 및 밸브콕의 작동상태 이상 유무

07

「산업안전보건법」상 와이어로프의 사용금지 기준 4가지를 쓰시오.

① 이음매가 있는 것
② 꼬인 것
③ 심하게 변형되거나 부식된 것
④ 열과 전기충격에 의해 손상된 것
⑤ 지름의 감소가 공칭지름의 7%를 초과한 것
⑥ 와이어로프의 한 꼬임에서 끊어진 소선의 수가 10% 이상인 것

08

Swain은 인간의 오류를 크게 작위적 오류(Commission Error)와 부작위적 오류(Omission Error)로 구분할 때 2개의 오류에 대해 설명하시오.

① 작위적 오류(Commission Error)
: 필요 직무 또는 절차의 불확실한 수행

② 부작위적 오류(Omission Error)
: 필요 직무 또는 절차를 수행하지 않음

*독립행동에 관한 분류

에러의 종류	내용
생략 에러 (Omission error)	필요 직무 또는 절차를 수행하지 않음
수행 에러 (Commission error)	필요 직무 또는 절차의 불확실한 수행
시간 에러 (Time error)	필요 직무 또는 절차의 수행지연
순서 에러 (Sequential error)	필요 직무 또는 절차의 순서 잘못 판단
불필요한 에러 (Extraneous error)	불필요한 직무 또는 절차를 수행

09

보호안경을 크게 3가지로 구분하여 선택시 유의사
항을 쓰시오.

① 차광보안경 : 자외선·적외선·가시광선으로부터 눈
　　　　　　　 보호
② 유리보안경 : 칩·미분·기타 비산물로부터 눈 보호
③ 플라스틱보안경 : 액체약품 등 기타 비산물로부터
　　　　　　　　　 눈 보호

*사용구분에 따른 차광보안경의 종류

종류	사용구분
자외선용	자외선이 발생하는 장소
적외선용	적외선이 발생하는 장소
복합용	자외선 및 적외선이 발생하는 장소
용접용	산소용접작업등과 같이 자외선, 적외선 및 강렬한 가시광선이 발생하는 장소

10

「산업안전보건법」상 사업주가 근로자에게 시행해야
하는 안전보건교육의 종류 4가지를 쓰시오.

① 정기교육
② 특별교육
③ 채용 시 교육
④ 작업내용 변경 시 교육
⑤ 최초 노무 제공 시 교육
⑥ 건설업 기초 안전보건교육

11

「산업안전보건법」에 따른 양중기의 종류 5가지를
쓰시오.

① 크레인(호이스트 포함)
② 이동식 크레인
③ 리프트(이삿짐 운반용 리프트는 적재하중 $0.1ton$
　　　　이상인 것)
④ 곤돌라
⑤ 승강기

12

감응식 방호장치를 설치한 프레스에서 광선을 차단
한 후 $200ms$ 후에 슬라이드가 정지할 때 방호장치
의 안전거리는 최소 몇 mm 이상이어야 하는가?

$D = 1.6T_m = 1.6 \times 200 = 320mm$

*안전거리[D]
$D = 1.6T_m$
$T_m = \left(\dfrac{1}{클러치개수} + \dfrac{1}{2}\right) \times \left(\dfrac{60000}{매분행정수}\right)$
$\begin{cases} D : 안전거리[mm] \\ T_m : 총소요시간[ms] \end{cases}$

13

다음 FT도에서 컷셋(Cut Set)을 모두 구하시오.

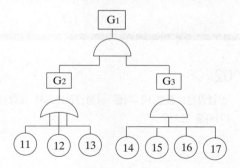

$G_1 = G_2 \cdot G_3$

$= \begin{pmatrix} ⑪ \\ ⑫ \\ ⑬ \end{pmatrix} (⑭ ⑮ ⑯ ⑰)$

$= (⑪ ⑭ ⑮ ⑯ ⑰), \ (⑫ ⑭ ⑮ ⑯ ⑰), \ (⑬ ⑭ ⑮ ⑯ ⑰)$

14

도수율 18.73., 평생근로년수 35년, 연간 잔업시간 240시간 A 사업장에서 근로자 1명에게 평생 동안 약 몇 건의 재해가 발생하는가?
(단, 1일 8시간, 월 25일, 12개월 근무이다.)

평생근로시간 $= (8 \times 25 \times 12 + 240) \times 35 = 92400$시간

$\therefore$ 환산도수율 $=$ 도수율 $\times 0.0924$
$= 18.73 \times 0.0924 = 1.73 ≒ 2$건

*환산도수율 · 환산강도율
① 환산도수율 : 일평생 근로하는 동안의 재해건수
② 환산강도율 : 일평생 근로하는 동안의 근로손실일수

– 평생근로시간 조건이 없는 경우 – 평생근로시간이 10만시간인 경우	환산도수율 = 도수율 × 0.1 환산강도율 = 강도율 × 100
평생근로시간이 15만 시간인 경우	환산도수율 = 도수율 × 0.15 환산강도율 = 강도율 × 150
평생근로시간이 92400 시간인 경우	환산도수율 = 도수율 × 0.0924 환산강도율 = 강도율 × 92.4

01

「산업안전보건법」상 물질안전보건자료(MSDS) 작성 시 포함사항 16가지 중 다음 제외사항을 뺀 4가지를 쓰시오.

[제외사항]
① 화학제품과 회사에 관한 정보
② 구성성분의 명칭 및 함유량
③ 취급 및 저장 방법
④ 물리화학적 특성
⑤ 폐기시 주의사항
⑥ 그 밖의 참고사항

① 유해성·위험성
② 응급조치요령
③ 폭발·화재시 대처방법
④ 누출사고시 대처방법
⑤ 노출방지 및 개인보호구

*물질안전보건자료(MSDS) 작성 시 포함사항 16가지
① 화학제품과 회사에 관한 정보
② 유해성·위험성
③ 구성성분의 명칭 및 함유량
④ 응급조치요령
⑤ 폭발·화재시 대처방법
⑥ 누출사고시 대처방법
⑦ 취급 및 저장방법
⑧ 노출방지 및 개인보호구
⑨ 물리화학적 특성
⑩ 안정성 및 반응성
⑪ 독성에 관한 정보
⑫ 환경에 미치는 영향
⑬ 폐기 시 주의사항
⑭ 운송에 필요한 정보
⑮ 법적규제 현황
⑯ 그 밖의 참고사항

02

「산업안전보건법」에 따른 공정안전보고서 포함사항 4가지를 쓰시오.

① 공정안전자료
② 공정위험성 평가서
③ 안전운전계획
④ 비상조치계획

03

「산업안전보건법」에 따라 비, 눈 그 밖의 악천후로 인하여 작업을 중지시킨 후 또는 비계를 조립·해체하거나 변경한 후 작업재개 시 해당 작업시작 전 점검항목 4가지를 쓰시오.

① 발판 재료의 손상 여부 및 부착 또는 걸림 상태
② 해당 비계의 연결부 또는 접속부의 풀림 상태
③ 연결 재료 및 연결 철물의 손상 또는 부식 상태
④ 손잡이의 탈락 여부
⑤ 기둥의 침하, 변형, 변위 또는 흔들림 상태
⑥ 로프의 부착 상태 및 매단 장치의 흔들림 상태

04

공기압축기 작업시작 전 점검사항 4가지를 쓰시오.

① 윤활유의 상태
② 언로드밸브의 기능
③ 압력방출장치의 기능
④ 회전부의 덮개 또는 울
⑤ 드레인밸브의 조작 및 배수
⑥ 공기저장 압력용기의 외관 상태

05

다음 표는 동기부여의 이론 중 매슬로우의 욕구단계 이론과 알더퍼의 ERG이론을 비교한 것일 때 빈칸을 채우시오.

단계	욕구단계이론	ERG이론
1단계	생리적 욕구	생존욕구
2단계	①	
3단계	②	③
4단계	존경욕구	
5단계	자아실현욕구	④

① 안전욕구
② 사회적욕구
③ 관계욕구
④ 성장욕구

*매슬로우의 욕구단계이론

단계	설명
1단계 생리적욕구	인간의 가장 기본적인 욕구이며, 의식주·성적 욕구 등이다.
2단계 안전욕구	안전·보호·경제적안정·질서 등이며 일종의 자기 보전적 욕구이다.
3단계 사회적욕구	소속감·애정 욕구이다.
4단계 존경욕구	인정받으려는 욕구이다.
5단계 자아실현욕구	성장·자아실현 등을 통하여 자신의 잠재 가능성을 실현하려는 욕구이다. ① 편견없이 받아들이는 성향 ② 타인과의 거리를 유지하며 사생활을 즐기거나 창의적 성격으로 봉사, 특별히 좋아하는 사람과 긴밀한 관계를 유지하려는 성향

*알더퍼의 ERG이론

단계	설명
1단계 생존욕구(E) (Existence needs)	배고픔·쉼·갈증과 같은 인간이 존재하기 위한 생리적이나 물질적, 안전에 관한 욕구이다.
2단계 관계욕구(R) (Relatedness needs)	타인과 의미있고 만족스러운 인간관계에 의한 욕구이다.
3단계 성장욕구(G) (Growth needs)	개인의 성장과 발전에 대한 욕구이다.

06

「산업안전보건법」 상 방호조치를 하지 아니하고는 양도·대여·설치 또는 사용에 제공하거나, 양도·대여의 목적으로 진열해서는 안되며, 유해위험 방지를 위해 방호조치가 무조건 필요한 기계·기구 4가지를 쓰시오.

① 예초기
② 원심기
③ 공기압축기
④ 포장기계(진공포장기, 랩핑기로 한정)
⑤ 금속절단기
⑥ 지게차

07

다음 상해 정도별로 분류한 것을 각각 설명하시오.

[보기]
① 영구 전노동불능 상해
② 영구 일부노동불능 상해
③ 일시 전노동불능 상해

① 영구 전노동불능 상해
: 부상의 결과로 근로의 기능을 완전히 잃는 상해 정도

② 영구 일부노동불능 상해
: 부상의 결과로 신체의 일부가 영구적으로 노동 기능을 상실한 상해 정도

③ 일시 전노동불능 상해
: 의사의 진단으로 일정 기간 정규 노동에 종사할 수 없는 상해 정도

상해 정도별 분류

종류	내용
영구 전노동불능상해	부상의 결과로 근로의 기능을 완전히 잃는 상해 정도 (신체 장애 등급 1~3급)
영구 일부노동불능상해	부상의 결과로 신체의 일부가 영구적으로 노동 기능을 상실한 상해 정도 (신체 장애 등급 4~14급)
일시 전노동불능상해	의사의 진단으로 일정 기간 정규 노동에 종사할 수 없는 상해 정도 (완치 후 노동력 회복)
일시 일부노동불능상해	의사의 진단으로 일정 기간 정규 노동에 종사할 수 없으나, 휴무 상태가 아닌 일시 가벼운 노동에 종사할 수 있는 상해 정도

08

다음 보기는 FT의 각 단계별 내용일 때 올바른 순서대로 번호를 나열하시오.

[보기]
① 정상사상의 원인이 되는 기초사상을 분석한다.
② 정상사상과의 관계는 논리게이트를 이용하여 도해한다.
③ 분석현상이 된 시스템을 정의한다.
④ 이전단계에서 결정된 사상이 조금 더 전개가 가능한지 검사한다.
⑤ 정성·정량적으로 해석 평가한다.
⑥ FT를 간소화한다.

③ → ① → ② → ④ → ⑥ → ⑤

안전성 평가 6단계

단계	내용
1단계 : 관계자료의 작성준비	분석현상이 된 시스템을 정의한다.
2단계 : 정성적평가	정상사상의 원인이 되는 기초사상을 분석한다.
3단계 : 정량적평가	정상사상과의 관계는 논리게이트를 이용하여 도해한다.
4단계 : 안전대책 수립	이전단계에서 결정된 사상이 조금 더 전개가 가능한지 검사한다.
5단계 : 재해정보에 의한 재평가	FT를 간소화한다.
6단계 : FTA에 의한 재평가	정성·정량적으로 해석 평가한다.

09

「산업안전보건법」에 따른 색도기준 표의 빈칸을 채우시오.

색채	색도기준	용도	사용례
①	7.5R 4/14	금지	정지신호, 소화설비 및 그 장소, 유해행위의 금지
		②	화학물질 취급장소의 유해·위험 경고
노란색	5Y 8.5/12	경고	화학물질 취급장소에서의 유해 위험경고 이외의 위험경고, 주의표지 또는 기계방호물
파란색	2.5PB 4/10	지시	특정 행위의 지시 및 사실의 고지
녹색	2.5G 4/10	안내	비상구 및 피난소, 사람 또는 차량의 통행표지
흰색	N9.5		③
검은색	④		문자 및 빨간색 또는 노란색에 대한 보조색

① 빨간색
② 경고
③ 파란색 또는 녹색에 대한 보조색
④ N0.5

*안전·보건표지의 색채, 색도기준 및 용도

색채	색도기준	용도	사용례
빨간색	7.5R 4/14	금지	정지신호, 소화설비 및 그 장소, 유해행위의 금지
		경고	화학물질 취급장소의 유해·위험 경고
노란색	5Y 8.5/12	경고	화학물질 취급장소에서의 유해·위험경고 이외의 위험경고, 주의표지 또는 기계방호물
파란색	2.5PB 4/10	지시	특정 행위의 지시 및 사실의 고지
녹색	2.5G 4/10	안내	비상구 및 피난소, 사람 또는 차량의 통행표지
흰색	N9.5		파란색 또는 녹색에 대한 보조색
검은색	N0.5		문자 및 빨간색 또는 노란색에 대한 보조색

10

다음 폭발의 정의를 각각 쓰시오.

(1) UVCE(증기운폭발)
(2) BLEVE(비등액체 팽창 증기폭발)

(1) UVCE(증기운폭발)
: 대기 중 확산되어 있는 증기운이 어떤 점화원에 의해 급격히 폭발 하는 현상

(2) BLEVE(비등액체 팽창 증기폭발)
: 비등상태의 액화가스가 기화하여 팽창하고 폭발하는 현상

11

다음 보기는 산업재해 발생 시 조치내용의 순서일 때 빈칸을 채우시오.

[보기]
산업재해발생 → ① → ② → 원인강구
→ ③ → 대책실시계획 → 실시 → ④

① 긴급처리
② 재해조사
③ 대책수립
④ 평가

*산업재해 발생 시 조치 순서
재해발생 → 긴급처리 → 재해조사 → 원인강구
→ 대책수립 → 대책실시계획 → 실시 → 평가

12

「산업안전보건법」상 차량계 하역운반기계 (지게차, 구내 운반차 등)의 운전자가 운전위치를 이탈하려 할 때 운전자의 준수사항 2가지를 쓰시오.

① 포크·버킷·디퍼 등의 장치를 가장 낮은 위치 또는 지면에 내려둘 것
② 원동기를 정지시키고 브레이크를 확실히 거는 등 갑작스러운 주행이나 이탈을 방지하기 위한 조치를 할 것
③ 운전석을 이탈하는 경우에는 시동키를 운전대에서 분리시킬 것

13

다음 보기를 참고하여 방폭구조의 표시를 쓰시오.

[보기]
- 방폭구조 : 용기 내 폭발 시 용기가 폭발 압력을 견디며 틈을 통해 냉각효과로 인하여 외부에 인화될 우려가 없는 구조
- 최대안전틈새 : 0.8mm
- 최고표면온도 : 90℃

Ex d IIB T5

*방폭구조의 종류와 기호

종류	내용
내압 방폭구조 (d)	용기 내 폭발 시 용기가 폭발 압력을 견디며 틈을 통해 냉각효과로 인하여 외부에 인화될 우려가 없는 구조
압력 방폭구조 (p)	용기 내에 보호가스를 압입시켜 폭발성 가스나 증기가 용기 내부에 유입되지 않도록 되어있는 구조
안전증 방폭구조 (e)	정상 운전 중에 점화원 방지를 위해 기계적, 전기적 구조상 혹은 온도 상승에 대해 안전도를 증가한 구조
유입 방폭구조 (o)	전기불꽃, 아크, 고온 발생 부분을 기름으로 채워 폭발성 가스 또는 증기에 인화되지 않도록 한 구조
본질안전 방폭구조 (ia, ib)	정상 동작 시, 사고 시(단선, 단락, 지락)에 폭발 점화원의 발생이 방지된 구조
비점화 방폭구조 (n)	정상 동작 시 주변의 폭발성 가스 또는 증기에 점화시키지 않고 점화 가능한 고장이 발생되지 않는 구조
몰드 방폭구조 (m)	전기불꽃, 고온 발생 부분은 컴파운드로 밀폐한 구조

*폭발등급

가스 그룹	최대안전틈새	가스 명칭
IIA	0.9mm 이상	프로판 가스
IIB	0.5mm 초과 0.9mm 미만	에틸렌 가스
IIC	0.5mm 이하	수소 또는 아세틸렌 가스

*방폭전기기기의 최고표면에 따른 분류

최고표면온도의 범위[℃]	온도등급
300 초과 450 이하	T1
200 초과 300 이하	T2
135 초과 200 이하	T3
100 초과 135 이하	T4
85 초과 100 이하	T5
85 이하	T6

14

실내 작업장에서 8시간 작업시 소음을 측정한 결과 $85dB$(1시간), $90dB$(4시간), $95dB$(3시간)일 때 강렬한 소음에 대한 다음을 구하시오.

(1) 소음노출수준(TND)[%]
(2) 소음노출기준 초과여부

(1)

$$TND = \frac{C_1}{T_1} + \frac{C_2}{T_2} + \frac{C_3}{T_3} \cdots \frac{C_n}{T_n}$$
$$= \left(\frac{4}{8} + \frac{3}{4}\right) \times 100\% = 125\%$$

($85dB$ 이하는 강렬한 소음작업이 아니므로, 제외)

(2) 초과 (TND가 100%를 넘었기 때문에)

*소음작업
: 1일 8시간 작업을 기준하여 85dB 이상의 소음이 발생하는 작업

1. 강렬한 소음작업

데시벨(이상)	발생시간(1일 기준)
90dB	8시간 이상
95dB	4시간 이상
100dB	2시간 이상
105dB	1시간 이상
110dB	30분 이상
115dB	15분 이상

2. 충격 소음작업

데시벨(이상)	발생시간(1일 기준)
120dB	10000회 이상
130dB	1000회 이상
140dB	100회 이상

01

「산업안전보건법」상 작업장의 조도기준에 대한 빈칸을 채우시오.

작업	조도
초정밀작업	(①) Lux 이상
정밀작업	(②) Lux 이상
보통작업	(③) Lux 이상
그 외 작업	(④) Lux 이상

① 750
② 300
③ 150
④ 75

02

「산업안전보건법」상 관리대상 유해물질을 취급하는 작업장 게시사항 5가지를 쓰시오.

① 관리대상 유해물질의 명칭
② 인체에 미치는 영향
③ 취급상 주의사항
④ 착용하여야 할 보호구
⑤ 응급조치와 긴급 방재 요령

03

「산업안전보건법」상 관리감독자 정기교육의 내용 4가지를 쓰시오.

① 산업안전 및 사고 예방에 관한 사항
② 산업보건 및 직업병 예방에 관한 사항
③ 산업안전보건법령 및 산업재해보상보험 제도에 관한 사항
④ 직무스트레스 예방 및 관리에 관한 사항
⑤ 직장 내 괴롭힘, 고객의 폭언 등으로 인한 건강장해 예방 및 관리에 관한 사항

*교육 구분

구분	내용
채용 시 교육 및 작업내용 변경 시 교육	① 산업안전 및 사고 예방에 관한 사항 ② 산업보건 및 직업병 예방에 관한 사항 ③ 산업안전보건법령 및 산업재해보상 보험 제도에 관한 사항 ④ 직무스트레스 예방 및 관리에 관한 사항 ⑤ 직장 내 괴롭힘, 고객의 폭언 등으로 인한 건강장해 예방 및 관리에 관한 사항 ⑥ 기계·기구의 위험성과 작업의 순서 및 동선에 관한 사항 ⑦ 작업 개시 전 점검에 관한 사항 ⑧ 정리정돈 및 청소에 관한 사항 ⑨ 사고 발생 시 긴급조치에 관한 사항 ⑩ 물질안전보건자료에 관한 사항
근로자 정기교육	① 산업안전 및 사고 예방에 관한 사항 ② 산업보건 및 직업병 예방에 관한 사항 ③ 건강증진 및 질병 예방에 관한 사항 ④ 유해·위험 작업환경 관리에 관한 사항 ⑤ 산업안전보건법령 및 산업재해보상 보험 제도에 관한 사항 ⑥ 직무스트레스 예방 및 관리에 관한 사항 ⑦ 직장 내 괴롭힘, 고객의 폭언 등으로 인한 건강장해 예방 및 관리에 관한 사항
관리감독자 정기교육	① 산업안전 및 사고 예방에 관한 사항 ② 산업보건 및 직업병 예방에 관한 사항 ③ 유해·위험 작업환경 관리에 관한 사항 ④ 산업안전보건법령 및 산업재해보상 보험 제도에 관한 사항 ⑤ 직무스트레스 예방 및 관리에 관한 사항 ⑥ 직장 내 괴롭힘, 고객의 폭언 등 으로 인한 건강장해 예방 및 관리에 관한 사항 ⑦ 작업공정의 유해·위험과 재해 예방 대책에 관한 사항 ⑧ 표준안전 작업방법 및 지도 요령에 관한 사항 ⑨ 관리감독자의 역할과 임무에 관한 사항 ⑩ 안전보건교육 능력 배양에 관한 사항

04

「산업안전보건법」상 이동식크레인 작업시작 전 점검사항 2가지 쓰시오.

① 권과방지장치나 그 밖의 경보장치의 기능
② 브레이크·클러치 및 조정장치의 기능
③ 와이어로프가 통하고 있는 곳 및 작업장소의 지반 상태

*크레인·이동식크레인 작업시작 전 점검사항

종류	작업시작 전 점검사항
크레인	① 권과방지장치·브레이크·클러치 및 운전장치의 기능 ② 주행로의 상측 및 트롤 리가 횡행하는 레일의 상태 ③ 와이어로프가 통하고 있는 곳의 상태
이동식 크레인	① 권과방지장치나 그 밖의 경보장치의 기능 ② 브레이크·클러치 및 조정장치의 기능 ③ 와이어로프가 통하고 있는 곳 및 작업장소의 지반상태

05

「산업안전보건법」상 안전인증 대상 기계·기구 및 설비 3가지를 쓰시오.

① 프레스
② 전단기 및 절곡기
③ 크레인
④ 리프트
⑤ 압력용기
⑥ 롤러기
⑦ 사출성형기
⑧ 고소 작업대
⑨ 곤돌라

*안전인증대상 기계·기구 등

기계·기구 및 설비	① 프레스 ② 전단기 및 절곡기 ③ 크레인 ④ 리프트 ⑤ 압력용기 ⑥ 롤러기 ⑦ 사출성형기 ⑧ 고소 작업대 ⑨ 곤돌라

방호장치	① 프레스 및 전단기 방호장치
	② 양중기용 과부하방지장치
	③ 보일러 압력방출용 안전밸브
	④ 압력용기 압력방출용 안전밸브
	⑤ 압력용기 압력방출용 파열판
	⑥ 절연용 방호구 및 활선작업용 기구
	⑦ 방폭구조 전기기계·기구 및 부품
	⑧ 추락·낙하 및 붕괴 등의 위험방지
	   및 보호에 필요한 가설기자재로서
	   고용노동부장관이 정하여 고시하는 것

보호구	① 추락 및 감전 위험방지용 안전모 ② 안전화 ③ 안전장갑 ④ 방진마스크 ⑤ 방독마스크 ⑥ 송기마스크 ⑦ 전동식 호흡보호구 ⑧ 보호복 ⑨ 안전대 ⑩ 차광 및 비산물 위험방지용 보안경 ⑪ 용접용 보안면 ⑫ 방음용 귀마개 또는 귀덮개

06

다음 보기는 「산업안전보건법」상 계단에 관한 내용일 때 다음을 구하시오.

> [보기]
> - 사업주는 계단 및 계단참을 설치하는 경우 매제곱미터당 (①)kg 이상의 하중에 견딜 수 있는 강도를 가진 구조로 설치하여야 하며, 안전율은 (②) 이상으로 하여야 한다.
> - 계단을 설치하는 경우 그 폭을 (③)m 이상으로 하여야 한다.
> - 높이가 (④)m를 초과하는 계단에는 높이 $3m$ 이내마다 너비 $1.2m$ 이상의 계단참을 설치하여야 한다.
> - 높이 (⑤)m 이상인 계단의 개방된 측면에 안전난간을 설치하여야 한다.

① 500   ② 4   ③ 1   ④ 3   ⑤ 1

07

「산업안전보건법」시행규칙에서 산업재해 조사표에 작성하여야 할 상해의 종류 4가지를 쓰시오.

① 골절
② 절단
③ 타박상
④ 찰과상
⑤ 중독·질식
⑥ 화상
⑦ 감전
⑧ 뇌진탕
⑨ 고혈압
⑩ 뇌졸중
⑪ 피부염
⑫ 진폐
⑬ 수근관증후군

08

「산업안전보건법」상 누전에 의한 감전의 위험을 방지하기 위해 접지를 실시하는 코드와 플러그를 접속하여 사용하는 전기기계·기구 3가지를 쓰시오.

① 휴대형 손전등
② 사용전압이 대지전압 150V를 넘는 것
③ 고정형·이동형 또는 휴대형 전동기계·기구
④ 냉장고·세탁기·컴퓨터 및 주변기기 등과 같은 고정형 전기기계·기구
⑤ 물 또는 도전성이 높은 곳에서 사용하는 전기기계·기구, 비접지형 콘센트

09

「산업안전보건법」에 따른 1급 방진마스크 사용 장소 3곳을 쓰시오.

① 특급마스크 착용장소를 제외한 분진 등 발생장소
② 금속흄 등과 같이 열적으로 생기는 분진 등 발생장소
③ 기계적으로 생기는 분진 등 발생장소

*방진마스크 등급 및 사용장소

등급	사용장소
특급	- 베릴륨 등과 같이 독성이 강한 물질들을 함유한 분진 등 발생장소 - 석면 취급장소
1급	- 특급마스크 착용장소를 제외한 분진 등 발생장소 - 금속흄 등과 같이 열적으로 생기는 분진 등 발생장소 - 기계적으로 생기는 분진 등 발생장소
2급	- 특급 및 1급 마스크 착용장소를 제외한 분진 등 발생장소

10

「산업안전보건법」상 광전자식 방호장치 프레스에 관한 설명 중 빈칸을 채우시오.

[보기]
- 프레스 또는 전단기에서 일반적으로 많이 활용하고 있는 형태로서 투광부, 수광부, 컨트롤 부분으로 구성된 것으로서 신체의 일부가 광선을 차단하면 기계를 급정지시키는 방호장치로 (①)분류에 해당한다.
- 정상동작표시램프는 (②)색, 위험표시램프는 (③)색으로 하며, 쉽게 근로자가 볼 수 있는 곳에 설치해야 한다.
- 방호장치는 릴레이, 리미트 스위치 등의 전기부품의 고장, 전원전압의 변동 및 정전에 의해 슬라이드가 불시에 동작하지 않아야 하며, 사용전원전압의 ±(④)%의 변동에 대하여 정상으로 작동되어야 한다.

① A-1 ② 녹 ③ 적 ④ 20

*방호장치의 종류 및 분류기호

구분	기호
광전자식	A-1, A-2
양수조작식	B-1, B-2
가드식	C
손쳐내기식	D
수인식	E

11

다음 보기는 「산업안전보건법」상 가설통로 설치 기준에 관한 내용일 때 빈칸을 채우시오.

```
[보기]
- 경사는 ( ① )도 이하로 할 것
- 경사가 ( ② )도를 초과하는 경우에는 미끄러지지 아니
  하는 구조로 할 것
- 추락할 위험이 있는 장소에는 ( ③ )을 설치할 것
- 수직갱에 가설된 통로의 길이가 15m 이상인 경우
  에는 ( ④ )m 이내마다 계단참을 설치
- 건설공사에 사용하는 높이 8m 이상인 비계다리에는
  ( ⑤ )m 이내마다 계단참을 설치
```

① 30 ② 15 ③ 안전난간 ④ 10 ⑤ 7

*가설통로의 설치기준
① 견고한 구조로 할 것
② 경사는 30도 이하로 할 것
③ 경사가 15도를 초과하는 경우에는 미끄러지지
   아니하는 구조로 할 것
④ 추락할 위험이 있는 장소에는 안전난간을 설치
   할 것
⑤ 수직갱에 가설된 통로의 길이가 15m 이상인 경우
   에는 10m 이내마다 계단참을 설치할 것
⑥ 건설공사에 사용하는 높이 8m 이상인 비계다리
   에는 7m 이내마다 계단참을 설치할 것

12

「산업안전보건법」상 관계자외 출입금지표지 종류 3가지를 쓰시오.

① 허가대상물질 작업장
② 석면취급 해체 작업장
③ 금지대상물질의 취급실험실 등

13

다음 표는 아세틸렌과 클로로벤젠의 폭발하한계 및 폭발상한계에 대한 표이며, 혼합가스의 조성이 아세틸렌 70%, 클로로벤젠 30%일 때 다음을 구하시오.

가스	폭발하한계	폭발상한계
아세틸렌	$2.5vol\%$	$81vol\%$
클로로벤젠	$1.3vol\%$	$7.1vol\%$

(1) 아세틸렌 위험도
(2) 혼합가스의 공기 중 폭발 하한계[vol%]

(1) 위험도 $= \dfrac{U-L}{L} = \dfrac{81-2.5}{2.5} = 31.4$

(2) $L = \dfrac{100(= V_1 + V_2 + \cdots + V_n)}{\dfrac{V_1}{L_1} + \dfrac{V_2}{L_2} + \cdots + \dfrac{V_n}{L_n}}$

$\quad = \dfrac{100}{\dfrac{70}{2.5} + \dfrac{30}{1.3}} = 1.96vol\%$

*위험도 공식

위험도 $= \dfrac{U-L}{L}$ $\begin{cases} U : \text{폭발상한계} \\ L : \text{폭발하한계} \end{cases}$

*혼합가스의 폭발하한계 공식

$L = \dfrac{100(= V_1 + V_2 + \cdots + V_n)}{\dfrac{V_1}{L_1} + \dfrac{V_2}{L_2} + \cdots + \dfrac{V_n}{L_n}}$

$\begin{cases} L : \text{혼합가스의 폭발하한계} \\ V_n : \text{각 성분의 기체체적} \\ L_n : \text{각 기체의 폭발하한계} \end{cases}$

14

하중이 $980kg$인 화물을 두 줄 걸이 와이어로프로
상부 각도 $90°$의 각으로 들어올릴 때 로프 하나에
걸리는 장력[kg]을 구하시오.

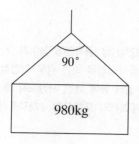

$$T = \frac{\dfrac{W}{2}}{\cos\dfrac{\theta}{2}} = \frac{\dfrac{980}{2}}{\cos\dfrac{90}{2}} = 692.96kg$$

*로프 하나에 걸리는 장력

$$T = \frac{\dfrac{W}{2}}{\cos\dfrac{\theta}{2}} \quad \begin{cases} T : \text{장력} \\ W : \text{중량} \\ \theta : \text{각도}[°] \end{cases}$$

01

「산업안전보건법」에 따른 건설공사 중 유해 위험방지 계획서를 제출하여야 하는 대상공사 4가지를 쓰시오.

① 터널 건설 등의 공사
② 깊이 10m 이상인 굴착공사
③ 최대 지간길이가 50m 이상인 교량 건설 등 공사
④ 지상 높이가 31m 이상인 건축물 또는 인공구조물
⑤ 연면적 3만m^2 이상인 건축물

*유해위험방지계획서 제출대상 건설공사
① 지상높이가 31m 이상인 건축물 또는 인공구조물
② 연면적 3만m^2 이상인 건축물
③ 연면적 5천m^2 이상인 시설
  ㉠ 문화 및 잡화시설(전시장·동물원·식물원 제외)
  ㉡ 판매시설·운수시설(고속철도의 역사 및 집배송
      시설 제외)
  ㉢ 종교시설
  ㉣ 의료시설 중 종합병원
  ㉤ 숙박시설 중 관광숙박시설
  ㉥ 지하도상가
  ㉦ 냉동·냉장 창고시설
④ 연면적 5천m^2 이상의 냉동·냉장창고시설의 설비
   공사 및 단열공사
⑤ 최대 지간길이가 50m 이상인 교량 건설 등 공사
⑥ 터널 건설 등의 공사
⑦ 다목적댐·발전용댐 및 저수용량 2천만톤 이상의
   용수 전용 댐·지방상수도 전용 댐 건설 등의 공사
⑧ 깊이 10m 이상인 굴착공사

02

「산업안전보건법」상 굴착면에 높이가 2m 이상이 되는 지반의 굴착작업을 하는 경우 작업장의 지형·지반 및 지층 상태 등에 대한 사전조사 후 작성하여야 하는 작업계획서의 포함사항 4가지를 쓰시오.

① 굴착방법 및 순서, 토사 반출 방법
② 필요한 인원 및 장비 사용계획
③ 매설물 등에 대한 이설·보호대책
④ 사업장 내 연락방법 및 신호방법
⑤ 흙막이 지보공 설치방법 및 계측계획
⑥ 작업지휘자의 배치계획

03

「산업안전보건법」상 사업주는 누전에 의한 감전의 위험을 방지하기 위하여 전기를 사용 하지 아니하는 설비 중 접지를 해야 하는 금속체 부분 3가지를 쓰시오.

① 전동식 양중기의 프레임과 궤도
② 전선이 붙어 있는 비전동식 양중기의 프레임
③ 고압 이상의 전기를 사용하는 전기 기계·기구
   주변의 금속제 칸막이·망 및 이와 유사한 장치

04

「산업안전보건법」상 안전인증을 전부 또는 일부를 면제할 수 있는 경우 3가지를 쓰시오.

① 연구·개발을 목적으로 제조·수입하거나 수출을 목적으로 제조하는 경우
② 고용노동부장관이 정하여 고시하는 외국의 안전인증기관에서 인증을 받은 경우
③ 다른 법령에서 안전성에 관한 검사나 인증을 받은 경우로서 고용노동부령으로 정하는 경우

05

다음 보기는 「산업안전보건법」상 안전모 내관통성 시험성능기준에 대한 설명일 때 빈칸을 채우시오.

[보기]
- AE형 및 ABE형의 관통거리 (①)mm 이하
- AB형의 관통거리 (②)mm 이하

① 9.5 ② 11.1

*안전모의 시험성능기준

항목	시험성능기준
내관통성	AE, ABE종 안전모는 관통거리가 $9.5mm$ 이하이고, AB종 안전모는 관통거리가 $11.1mm$ 이하이어야 한다.
충격흡수성	최고전달충격력이 $4450N$을 초과해서는 안되며, 모체와 착장체의 기능이 상실되지 않아야 한다.
내전압성	AE, ABE종 안전모는 교류 $20kV$에서 1분간 절연파괴 없이 견뎌야 하고, 이때 누설되는 충전전류는 $10mA$ 이하 이어야 한다.
내수성	AE, ABE종 안전모는 질량증가율이 1% 미만이어야 한다.
난연성	모체가 불꽃을 내며 5초 이상 연소되지 않아야 한다.
턱끈풀림	$150N$ 이상 $250N$ 이하에서 턱끈이 풀려야 한다.

06

「산업안전보건법」상 달비계에 사용할 수 없는 달기체인의 기준 2가지를 쓰시오.

① 링의 단면지름 감소가 그 달기체인이 제조된 때의 당해 링의 지름의 10%를 초과한 것
② 달기체인의 길이 증가가 그 달기체인이 제조된 때의 길이 5%를 초과한 것
③ 균열이 있거나 심하게 변형된 것

07

「산업안전보건법」상 말비계 조립 시 사업주의 준수사항 2가지를 쓰시오.

① 지주부재의 하단에는 미끄럼 방지장치를 하고, 근로자가 양측 끝 부분에 올라서서 작업하지 않도록 할 것
② 지주부재와 수평면의 기울기를 75° 이하로 하고, 지주부재와 지주부재 사이를 고정시키는 보조부재를 설치할 것.
③ 말비계의 높이가 $2m$를 초과하는 경우에는 작업발판의 폭을 $40cm$ 이상으로 할 것.

08

다음 보기는 「산업안전보건법」에 따른 급성독성물질에 대한 설명일 때 빈칸을 채우시오.

[보기]
- LD_{50}은 (①)mg/kg을 쥐에 대한 경구투입실험에 의하여 실험동물의 50%를 사망케한다.
- LD_{50}은 (②)mg/kg을 쥐 또는 토끼에 대한 경피흡수실험에 의하여 실험동물의 50%를 사망케한다.
- LC_{50}은 가스로 (③)ppm을 쥐에 대한 4시간 동안 흡입실험에 의하여 실험동물의 50%를 사망케한다.
- LC_{50}은 증기로 (④)mg/ℓ을 쥐에 대한 4시간 동안 흡입실험에 의하여 실험동물의 50%를 사망케한다.

① 300 ② 1000 ③ 2500 ④ 10

*급성독성물질

분류	물질
LD_{50} (경구, 쥐)	$300mg/kg$ 이하
LD_{50} (경피, 토끼 또는 쥐)	$1000mg/kg$ 이하
가스 LC_{50} (쥐, 4시간 흡입)	$2500ppm$ 이하
증기 LC_{50} (쥐, 4시간 흡입)	$10mg/\ell$ 이하
분진, 미스트 LC_{50} (쥐, 4시간 흡입)	$1mg/\ell$ 이하

09

「산업안전보건법」상 잠함·우물통·수직갱 및 그 밖에 이와 유사한 건설물 또는 설비의 내부에서 굴착작업을 하는 경우에 사업주가 해야할 일 2가지를 쓰시오.

① 산소 결핍 우려가 있는 경우에는 산소의 농도를 측정하는 사람을 지명하여 측정하도록 할 것
② 근로자가 안전하게 오르내리기 위한 설비를 설치할 것
③ 굴착 깊이가 20미터를 초과하는 경우에는 해당 작업장소와 외부와의 연락을 위한 통신설비 등을 설치할 것

10

「산업안전보건법」상 U자형 걸이용 안전대의 구조기준 2가지를 쓰시오.

① 지탱벨트, 각 링, 신축조절기가 있을 것
② 신축조절기는 쮐줄로부터 이탈하지 않도록 할것
③ U자걸이 사용상태에서 신체의 추락을 방지하기 위하여 보조쮐줄을 사용할 것
④ D링, 각 링은 안전대 착용자의 몸통 양 측면에 해당하는 곳에 고정되도록 지탱벨트 또는 안전그네에 부착할 것
⑤ 보조훅 부착 안전대는 신축조절기의 역방향으로 낙하저지 기능을 갖출 것 다만 쮐줄에 스토퍼가 부착될 경우에는 이에 해당하지 않는다.
⑥ 보조훅이 없는 U자걸이 안전대는 1개걸이로 사용할 수 없도록 훅이 열리는 너비가 쮐줄의 직경보다 작고 8자형링 및 이음형 고리를 갖추지 않을 것

11

「산업안전보건법」상 타워크레인 설치·해체시 근로자 대상 특별안전보건교육 내용 4가지를 쓰시오.

① 붕괴·추락 및 재해방지에 관한 사항
② 신호방법 및 요령에 관한 사항
③ 이상 발생 시 응급조치에 관한 사항
④ 설치·해체 순서 및 안전작업방법에 관한 사항
⑤ 부재의 구조·재질 및 특성에 관한 사항

12

다음 FT도에서 미니멀 컷셋(Minimal Cut Set)을 구하시오.

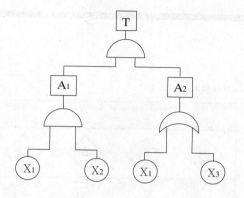

$$T = A_1 \cdot A_2$$
$$= (X_1, X_2)\binom{X_1}{X_3} = (X_1, X_2, X_1), (X_1, X_2, X_3)$$

컷셋: $(X_1, X_2), (X_1, X_2, X_3)$
∴ 미니멀 컷셋: (X_1, X_2)

13

A 사업장의 평균근로자수는 400명, 연간 80건의 재해 발생과 100명의 재해자 발생으로 인하여 근로손실일수 800일이 발생하였을 때 종합재해지수(FSI)를 구하시오.
(단, 근무일수는 연간 280일, 근무시간은 1일 8시간이다.)

$$도수율 = \frac{재해건수}{연근로\ 총시간수} \times 10^6$$
$$= \frac{80}{400 \times 8 \times 280} \times 10^6 = 89.29$$

$$강도율 = \frac{근로손실일수}{연근로\ 총시간수} \times 10^3$$
$$= \frac{800}{400 \times 8 \times 280} \times 10^3 = 0.89$$

$$∴ 종합재해지수 = \sqrt{도수율 \times 강도율}$$
$$= \sqrt{89.29 \times 0.89} = 8.91$$

14

프레스기의 SPM이 200이고, 클러치의 맞물림 개소수가 5개인 경우 양수기동식 방호장치의 안전거리 $[mm]$를 구하시오.

$$T_m = \left(\frac{1}{클러치개수} + \frac{1}{2}\right) \times \left(\frac{60000}{매분행정수}\right)$$
$$= \left(\frac{1}{5} + \frac{1}{2}\right) \times \left(\frac{60000}{200}\right) = 210ms$$

$$∴ D_m = 1.6T_m = 1.6 \times 210 = 336mm$$

*안전거리$[D]$
$$D = 1.6T_m$$
$$T_m = \left(\frac{1}{클러치개수} + \frac{1}{2}\right) \times \left(\frac{60000}{매분행정수}\right)$$
$$\begin{cases} D : 안전거리[mm] \\ T_m : 총소요시간[ms] \end{cases}$$

01

다음 보기는 「산업안전보건법」상 안전기의 설치에 관한 내용일 때 빈칸을 채우시오.

[보기]
- 사업주는 아세틸렌 용접장치의 (①) 마다 안전기를 설치하여야 한다. 다만, 주관 및 (①)에 가장 가까운 (②) 마다 안전기를 부착한 경우에는 그러하지 아니하다.
- 사업주는 가스용기가 발생기와 분리되어있는 아세틸렌 용접장치에 대하여 (③)와 가스용기 사이에 안전기를 설치하여야 한다.

① 취관 ② 분기관 ③ 발생기

02

다음 보기는 「산업안전보건법」에 따른 경고표지에 용도 및 사용 장소에 관한 내용일 때 빈칸을 채우시오.

[보기]
(①) : 폭발성 물질이 있는 장소
(②) : 돌 및 블록 등 떨어질 우려가 있는 물체가 있는 장소
(③) : 경사진 통로 입구 및 미끄러운 장소
(④) : 화기의 취급을 극히 주의해야 하는 물질이 있는 장소

① 폭발성물질 경고
② 낙하물 경고
③ 몸균형상실 경고
④ 인화성물질 경고

*경고표지

인화성물질 경고	산화성물질 경고	폭발성물질 경고	급성독성 물질경고
부식성물질 경고	방사성물질 경고	고압전기 경고	매달린물체 경고
낙하물 경고	고온 경고	저온 경고	몸균형상실 경고
레이저광선 경고	위험장소 경고	발암성·변이원성·생식 독성·전신독성·호흡기 과민성물질 경고	

03

「산업안전보건법」상 지상높이가 $31m$ 이상 되는 건축물을 건설하는 공사현장에서 건설 공사 유해·위험방지계획서를 작성하여 제출 하고자 할 때 첨부하여야 하는 작업공종별 유해방지계획의 해당 작업공사의 종류 4가지를 쓰시오.

① 가설공사
② 구조물공사
③ 마감공사
④ 기계 설비공사
⑤ 해체공사

04

「산업안전보건법」상 사업주는 통풍이나 환기가 충분하지 않고 가연성물질이 있는 장소에서 화재위험작업을 하는 경우에는 화재예방에 필요한 사항 3가지를 쓰시오.

① 작업 준비 및 작업 절차 수립
② 작업장 내 위험물의 사용·보관 현황 파악
③ 화기작업에 따른 인근 가연성물질에 대한 방호조치 및 소화기구 비치
④ 용접불티 비산방지덮개, 용접방화포 등 불꽃, 불티 등 비산방지조치
⑤ 인화성 액체의 증기 및 인화성 가스가 남아 있지 않도록 환기 등의 조치
⑥ 작업근로자에 대한 화재예방 및 피난교육 등 비상조치

05

「산업안전보건법」상 화학설비 또는 그 부속설비의 용도를 변경하는 경우(사용하는 원재료의 종류를 변경하는 경우를 포함) 해당설비의 점검사항 3가지를 쓰시오.

① 그 설비 내부에 폭발이나 화재의 우려가 있는 물질이 있는지 여부
② 안전밸브·긴급차단장치 및 그 밖의 방호장치 기능의 이상 유무
③ 냉각장치·가열장치·교반장치·압축장치·계측장치 및 제어장치 기능의 이상 유무

06

「산업안전보건법」상 물질안전보건자료(MSDS)의 작성·비치대상에서 제외되는 화학물질 4가지를 쓰시오.

① 「화장품법」에 따른 화장품
② 「농약관리법」에 따른 농약
③ 「폐기물관리법」에 따른 폐기물
④ 「비료관리법」에 따른 비료
⑤ 「사료관리법」에 따른 사료
⑥ 「생활주변방사선 안전관리법」에 따른 원료물질
⑦ 「생활화학제품 및 살생물질의 안전관리에 관한 법률」에 따른 안전확인대상생활화학제품 및 살생물제품 중 일반소비자의 생활용으로 제공되는 제품
⑧ 「식품위생법」에 따른 식품 및 식품첨가물
⑨ 「약사법」에 따른 의약품 및 의약외품
⑩ 「위생용품 관리법」에 따른 위생용품
⑪ 「원자력안전법」에 따른 방사성물질
⑫ 「의료기기법」에 따른 의료기기
⑬ 「총포·도검·화약류 등의 안전관리에 관한 법률」에 따른 화약류
⑭ 「마약류 관리에 관한 법률」에 따른 마약 및 향정신성의약품
⑮ 「건강기능식품에 관한 법률」에 따른 건강기능식품
⑯ 「첨단재생의료 및 첨단바이오의약품 안전 및 지원에 관한 법률」에 따른 첨단바이오의약품

07

「산업안전보건법」상 지게차 및 구내운반차 작업시작 전 점검사항 3가지를 쓰시오.

① 제동장치 및 조종장치 기능의 이상유무
② 하역장치 및 유압장치 기능의 이상유무
③ 바퀴의 이상유무
④ 전조등·후미등·방향지시기 및 경보장치 기능의 이상유무
⑤ 충전장치를 포함한 홀더 등의 결합상태의 이상유무

08

다음 보기를 각각 Omission error와 Commission error로 분류하시오.

[보기]
① 납 접합을 빠뜨렸다.
② 전선의 연결이 바뀌었다.
③ 부품을 빠뜨렸다.
④ 부품이 거꾸로 배열되었다.
⑤ 알맞지 않은 부품을 사용하였다.

① Omission error
② Commission error
③ Omission error
④ Commission error
⑤ Commission error

*독립행동에 관한 분류

에러의 종류	내용
생략 에러 (Omission error)	필요 직무 또는 절차를 수행하지 않음
수행 에러 (Commission error)	필요 직무 또는 절차의 불확실한 수행
시간 에러 (Time error)	필요 직무 또는 절차의 수행지연
순서 에러 (Sequential error)	필요 직무 또는 절차의 순서 잘못 판단
불필요한 에러 (Extraneous error)	불필요한 직무 또는 절차를 수행

09

정전기 재해의 방지대책 5가지를 쓰시오.

① 가습
② 도전성 재료 사용
③ 대전 방지제 사용
④ 제전기 사용
⑤ 접지

10

다음 보기는 「산업안전보건법」상 타워크레인의 작업 중지에 관한 내용일 때 빈칸을 채우시오.

[보기]
- 운전작업을 중지하여야 하는 순간풍속 : (①)m/s
- 설치·수리·점검 또는 해체 작업 중지하여야 하는 순간 풍속 : (②)m/s

① 15   ② 10

*타워크레인·이동식크레인·리프트 등 악천후 시 조치사항

풍속	조치사항
순간 풍속 매 초당 10m를 초과하는 경우 (풍속 10m/s 초과)	타워크레인의 설치·수리·점검 또는 해체작업을 중지
순간 풍속 매 초당 15m를 초과하는 경우 (풍속 15m/s 초과)	타워크레인, 이동식크레인, 리프트 등의 운전작업을 중지
순간 풍속 매 초당 30m를 초과하는 경우 (풍속 30m/s 초과)	옥외에 설치된 양중기를 사용하여 작업 하는 경우에는 미리 기계 각 부위에 이상이 있는지 점검
순간 풍속 매 초당 35m를 초과하는 경우 (풍속 35m/s 초과)	건설 작업용 리프트 및 승강기에 대하여 받침의 수를 증가시키거나 붕괴 등을 방지하기 위한 조치

11

다음 보기는 「산업안전보건법」상 낙하물 방지망 또는 방호선반 설치 시의 준수사항에 대한 설명일 때 빈 칸을 채우시오.

[보기]
- 설치 높이 (①)m 이내마다 설치하고, 내민 길이는 벽면으로부터 (②)m 이상으로 할 것
- 수평면과의 각도는 (③) 이상 (④) 이하를 유지할 것

① 10 ② 2 ③ 20° ④ 30°

12

「산업안전보건법」상 건설용 리프트·곤돌라를 이용하는 작업에서 근로자에게 하여야 하는 특별안전보건교육 내용 4가지를 쓰시오.

① 신호방법 및 공동작업에 관한 사항
② 기계·기구·달기체인 및 와이어 등의 점검에 관한 사항
③ 방호장치의 기능 및 사용에 관한 사항
④ 기계·기구에 특성 및 동작원리에 관한 사항
⑤ 화물의 권상·권하 작업방법 및 안전작업 지도에 관한 사항

13

「산업안전보건법」상 사업장에 안전보건 관리규정을 작성하려 할 때 포함사항 4가지를 쓰시오.

① 안전 및 보건에 관한 관리조직과 그 직무에 관한 사항
② 안전보건교육에 관한 사항
③ 작업장의 안전 및 보건 관리에 관한 사항
④ 사고 조사 및 대책 수립에 관한 사항

14

A 사업장에 근로자 1440명이 있으며, 연간 주 40시간, 50주의 작업을 할 때 평균 출근 94%, 지각 및 조퇴 5000시간, 근로손실일수 1200일, 사망 1명, 조기출근과 잔업이 100000시간 일 때 강도율을 구하시오.

$$\text{강도율} = \frac{\text{근로손실일수}}{\text{연근로 총시간수}} \times 10^3$$
$$= \frac{1200 + 7500}{(1440 \times 40 \times 50) \times 0.94 + 100000 - 5000} \times 10^3 = 3.1$$

01

다음 보기의 재해발생 형태를 각각 쓰시오.

[보기]
① 폭발과 화재 두 현상이 복합적으로 발생된 경우
② 재해 당시 바닥면과 신체가 떨어진 상태로 더 낮은 위치로 떨어진 경우
③ 재해 당시 바닥면과 신체가 접해있는 상태에서 더 낮은 위치로 떨어진 경우
④ 재해자가 넘어짐에 인하여 기계의 동력전달부위 등에 끼어서 신체부위가 절단된 경우

① 폭발 ② 떨어짐 ③ 넘어짐 ④ 끼임

*산업재해 명칭

명칭	내용
떨어짐	높이가 있는 곳에서 사람이 떨어짐
넘어짐	사람이 미끄러지거나 넘어짐
깔림	물체의 쓰러짐이나 뒤집힘
부딪힘	물체에 부딪힘
맞음	날아오거나 떨어진 물체에 맞음
무너짐	건축물이나 쌓인 물체가 무너짐
끼임	기계설비에 끼이거나 감김

02

「산업안전보건법」에 따른 안전성평가를 순서대로 나열하시오.

[보기]
① 정성적평가 ② 재평가 ③ FTA 재평가
④ 대책검토 ⑤ 자료정비 ⑥ 정량적평가

⑤ → ① → ⑥ → ④ → ② → ③

*안전성 평가 6단계
1단계 : 관계자료의 작성준비(자료정비)
2단계 : 정성적평가
3단계 : 정량적평가
4단계 : 안전대책 수립(대책검토)
5단계 : 재해정보에 의한 재평가
6단계 : FTA에 의한 재평가

03

다음 보기는 천장크레인 안전검사주기에 대한 내용일 때 빈칸을 채우시오.

[보기]
천정크레인의 검사는 사업장에 설치가 끝난 날로부터 (①)년 이내에 최초 안전검사를 실시하되, 그 이후부터 매 (②)년 마다 안전검사를 실시한다. 건설현장에서 사용하는 것은 최초로 설치한 날로부터 (③)개월 마다 안전검사를 실시한다.

① 3 ② 2 ③ 6

04

「산업안전보건법」상 지게차 및 구내운반차 작업시작 전 점검사항 3가지를 쓰시오.

① 제동장치 및 조종장치 기능의 이상유무
② 하역장치 및 유압장치 기능의 이상유무
③ 바퀴의 이상유무
④ 전조등·후미등·방향지시기 및 경보장치 기능의 이상유무
⑤ 충전장치를 포함한 홀더 등의 결합상태의 이상유무

05

다음 보기는 「산업안전보건법」상 안전난간 설치기준에 대한 설명일 때 빈칸을 채우시오.

[보기]
- 상부난간대 : 바닥면·발판 또는 경사로의 표면으로부터 (①)cm 이상
- 난간대 : 지름 (②)cm 이상 금속제 파이프
- 하중 : (③)kg 이상 하중에 견딜 수 있는 튼튼한 구조

① 90 ② 2.7 ③ 100

*안전난간 설치기준
① 상부 난간대, 중간 난간대, 발끝막이판 및 난간기둥으로 구성할 것.
② 상부 난간대는 바닥면·발판 또는 경사로의 표면으로부터 90cm 이상 지점에 설치하고, 상부 난간대를 120cm 이하에 설치하는 경우에는 중간 난간대는 상부 난간대와 바닥면등의 중간에 설치하여야 하며, 120cm 이상 지점에 설치하는 경우에는 중간 난간대를 2단 이상으로 균등하게 설치하고 난간의 상하 간격은 60cm 이하가 되도록 할 것. 다만, 계단의 개방된 측면에 설치된 난간기둥 간의 간격이 25cm 이하인 경우에는 중간 난간대를 설치하지 아니할 수 있다.
③ 발끝막이판은 바닥면등으로부터 10cm 이상의 높이를 유지할 것. 다만, 물체가 떨어지거나 날아올

위험이 없거나 그 위험을 방지할 수 있는 망을 설치하는 등 필요한 예방 조치를 한 장소는 제외한다.
④ 난간기둥은 상부 난간대와 중간 난간대를 견고하게 떠받칠 수 있도록 적정한 간격을 유지할 것
⑤ 상부 난간대와 중간 난간대는 난간 길이 전체에 걸쳐 바닥면등과 평행을 유지할 것
⑥ 난간대는 지름 2.7cm 이상의 금속제 파이프나 그 이상의 강도가 있는 재료일 것
⑦ 안전난간은 구조적으로 가장 취약한 지점에서 가장 취약한 방향으로 작용하는 100kg 이상의 하중에 견딜 수 있는 튼튼한 구조일 것

06

「산업안전보건법」상 안전관리자를 정수 이상으로 증원·교체·임명할 수 있는 사유 3가지를 쓰시오.

① 해당 사업장의 연간 재해율이 같은 업종의 평균 재해율의 2배 이상인 경우
② 중대재해가 연간 2건 이상 발생한 경우
③ 관리자가 질병이나 그 밖의 사유로 3개월 이상 직무를 수행할 수 없게 된 경우
④ 화학적 인자로 인한 직업성 질병자가 연간 3명 이상 발생한 경우

07

「산업안전보건법」에 따라 이상 화학반응 밸브의 막힘 등 이상상태로 인한 압력상승으로 당해설비의 최고사용압력을 구조적으로 초과할 우려가 있는 화학설비 및 그 부속설비에 안전밸브 또는 파열판을 설치하여야할 때 반드시 파열판을 설치해야 하는 경우 2가지를 쓰시오.

① 반응 폭주 등 급격한 압력 상승 우려가 있는 경우
② 급성 독성물질의 누출로 인하여 주위의 작업환경을 오염시킬 우려가 있는 경우
③ 운전 중 안전밸브에 이상 물질이 누적되어 안전밸브가 작동되지 아니할 우려가 있는 경우

08

다음 표는 「산업안전보건법」상 방독마스크 가스 및 마스크 종류 색상별 구분으로 빈칸을 채우시오.

종류	시험가스	외부 측면 표시색
유기화합물용	시클로헥산 (C_6H_{12}) 디메틸에테르 (CH_3OCH_3) 이소부탄 (C_4H_{10})	(①)
할로겐용	염소가스 또는 증기(Cl_2)	(②)
황화수소용	황화수소가스 (H_2S)	
시안화수소용	시안화수소가스 (HCN)	
아황산용	아황산가스 (SO_2)	(③)
암모니아용	암모니아가스 (NH_3)	(④)

① 갈색 ② 회색 ③ 노란색 ④ 녹색

09

「산업안전보건법」에 따른 공정안전보고서 포함사항 4가지를 쓰시오.

① 공정안전자료
② 공정위험성 평가서
③ 안전운전계획
④ 비상조치계획

10

다음 보기는 「산업안전보건법」에 따른 롤러기 급정지 장치 원주속도와 안전거리에 관한 내용일 때 빈칸을 채우시오.

[보기]
30m/min 이상 – 앞면 롤러 원주의 (①) 이내
30m/min 미만 – 앞면 롤러 원주의 (②) 이내

① $\dfrac{1}{2.5}$ ② $\dfrac{1}{3}$

*급정지거리 기준

속도 기준	급정지거리 기준
30m/min 이상	앞면 롤러 원주의 $\dfrac{1}{2.5}$ 이내
30m/min 미만	앞면 롤러 원주의 $\dfrac{1}{3}$ 이내

11

「산업안전보건법」에 따른 가설통로 설치 시 준수사항 3가지를 쓰시오.

① 견고한 구조로 할 것
② 경사는 30도 이하로 할 것
③ 경사가 15도를 초과하는 경우에는 미끄러지지 아니하는 구조로 할 것
④ 추락할 위험이 있는 장소에는 안전난간을 설치할 것
⑤ 수직갱에 가설된 통로의 길이가 15m 이상인 경우에는 10m 이내마다 계단참을 설치할 것
⑥ 건설공사에 사용하는 높이 8m 이상인 비계다리에는 7m 이내마다 계단참을 설치할 것

12

「산업안전보건법」상 충전전로에 대한 접근 한계거리를 쓰시오.

충전전로의 선간전압	충전전로에 대한 접근 한계거리
380 V	(①)
1.5 kV	(②)
6.6 kV	(③)
22.9 kV	(④)

① 30cm

② 45cm

③ 60cm

④ 90cm

*충전전로 한계거리

충전전로의 선간전압 [단위 : kV]	충전전로에 대한 접근한계거리 [단위 : cm]
0.3 이하	접촉금지
0.3 초과 0.75 이하	30
0.75 초과 2 이하	45
2 초과 15 이하	60
15 초과 37 이하	90
37 초과 88 이하	110
88 초과 121 이하	130

13

「산업안전보건법」상 가스폭발 위험장소 또는 분진폭발 위험장소에 설치되는 건축물 등에 대해 해당하는 부분을 내화구조로 하여야 하며, 그 성능이 항상 유지될 수 있도록 점검 및 보수등 적절한 조치를 해야 할 때 해당되는 부분 2가지를 쓰시오.

① 건축물의 기둥 및 보
 : 지상 1층(지상 1층의 높이가 6m를 초과하는 경우에는 6m)까지

② 위험물 저장·취급용기의 지지대
  (높이가 30cm 이하인 것은 제외)
 : 지상으로부터 지지대의 끝부분까지

③ 배관·전선관 등의 지지대
 : 지상으로부터 1단(1단의 높이가 6m를 초과하는 경우에는 6m)까지

14

산소에너지당량은 $5kcal/L$, 작업 시 산소 소비량 $1.5L/\min$, 작업에 대한 평균에너지 $5kcal/\min$, 휴식에너지 $1.5kcal/\min$, 작업시간 60분 일 때 휴식시간[min]을 구하시오.

$E =$ 산소에너지당량×작업시 산소소비량
 $= 5×1.5 = 7.5kcal/\min$

$\therefore R = \dfrac{60(E-5)}{E-1.5} = \dfrac{60(7.5-5)}{7.5-1.5} = 25\min$

*휴식시간(R)

$R = \dfrac{60(E-5)}{E-1.5}$

$\begin{cases} R : 휴식시간 \\ E : 주어진 작업 시 필요한 에너지 \\ 5[kcal/\min] : 기초 대사량 포함 평균 에너지 \\ \quad (기초 대사량 포함하지 않는 경우 : 4[kcal/\min]) \\ 60[\min] : 작업시간 \end{cases}$

01

「산업안전보건법」상 근로자가 작업이나 통행 등으로 인하여 전기기계·기구 등 또는 전류 등의 충전부분에 접촉하거나 접근함으로써 감전위험이 있는 충전부분에 대하여 감전 방지방법 3가지를 쓰시오.

① 충전부가 노출되지 않도록 폐쇄형 외함이 있는 구조로 할 것
② 충전부에 충분한 절연효과가 있는 방호망이나 절연덮개를 설치할 것
③ 충전부는 내구성이 있는 절연물로 완전히 덮어 감쌀 것
④ 전주 위 및 철탑 위 등 격리되어 있는 장소로서 관계 근로자가 아닌 사람이 접근할 우려가 없는 장소에 충전부를 설치할 것
⑤ 발전소·변전소 및 개폐소 등 구획되어 있는 장소로서 관계 근로자가 아닌 사람의 출입이 금지되는 장소에 충전부를 설치하고, 위험표시 등의 방법으로 방호를 강화할 것

02

「산업안전보건법」상 기계의 원동기·회전축·기어·풀리·플라이휠·벨트 및 체인 등의 위험 방지를 위한 방호장치 3가지를 쓰시오.

① 덮개
② 울
③ 슬리브
④ 건널다리

03

다음 보기를 참고하여 공장의 설비 배치 3단계를 순서대로 나열하시오.

[보기]
① 건물배치   ② 기계배치   ③ 지역배치

③ → ① → ②

04

「산업안전보건법」에 따라 철골작업을 중지해야 하는 조건을 단위까지 정확히 쓰시오.

① 풍속 : $10m/s$ 이상인 경우
② 강우량 : $1mm/hr$ 이상인 경우
③ 강설량 : $1cm/hr$ 이상인 경우

*철골공사 작업의 중지 기준

종류	기준
풍속	초당 $10m$ 이상인 경우 ($10m/s$)
강우량	시간당 $1mm$ 이상인 경우 ($1mm/hr$)
강설량	시간당 $1cm$ 이상인 경우 ($1cm/hr$)

05

다음 보기는 「산업안전보건법」상 비파괴검사의 실시 기준일 때 빈칸을 채우시오.

[보기]
사업주는 고속 회전체(회전축의 중량이 (①)톤을 초과하고 원주속도가 초당 (②)m 이상인 것으로 한정한다.)의 회전시험을 하는 경우 미리 회전축의 재질 및 형상 등에 상응하는 종류의 비파괴검사를 해서 결함 여부를 확인하여야 한다.

① 1   ② 120

06

휴먼에러에서 다음을 각각 2가지씩 분류하시오.

(1) 독립행동에 관한 분류(심리적 분류)
(2) 원인에 의한 분류

(1) 독립행동에 관한 분류(심리적 분류)
  ① 생략에러(Omission error)
  ② 수행 에러(Commission error)
  ③ 시간 에러(Time error)
  ④ 순서 에러(Sequential error)
  ⑤ 불필요한 에러(Extraneous error)

(2) 원인에 의한 분류
  ① 1차 에러(Primary error)
  ② 2차 에러(Secondary error)
  ③ 지시 에러(Command error)

*독립행동에 관한 분류

종류	설명
생략 에러 (Omission error)	필요 직무 또는 절차를 수행하지 않음
수행 에러 (Commission error)	필요 직무 또는 절차의 불확실한 수행
시간 에러 (Time error)	필요 직무 또는 절차의 수행 지연
순서 에러 (Sequential error)	필요 직무 또는 절차의 순서 잘못 판단
불필요한 에러 (Extraneous error)	불필요한 직무 또는 절차를 수행

*실수원인의 수준적 분류

종류	설명
1차 에러 (Primary error)	작업자 자신으로부터 발생한 에러
2차 에러 (Secondary error)	어떤 결함으로부터 파생하여 발생한 에러
지시 에러 (Command error)	작업자가 움직일 수 없으므로 발생한 에러

07

「산업안전보건법」상 방호조치를 하지 아니하고는 양도·대여·설치 또는 사용에 제공하거나, 양도·대여의 목적으로 진열해서는 안되며, 유해위험방지를 위해 방호조치가 무조건 필요한 기계·기구 4가지를 쓰시오.

① 예초기
② 원심기
③ 공기압축기
④ 포장기계(진공포장기, 랩핑기로 한정)
⑤ 금속절단기
⑥ 지게차

08

다음 보기는 「산업안전보건법」상 연삭기 덮개의 시험방법 중 연삭기 작동시험 확인사항으로 다음 빈칸을 채우시오.

[보기]
- 연삭 (①)과 덮개의 접촉 여부
- 탁상용연삭기는 덮개, (②) 및 (③) 부착 상태의 적합성 여부

① 숫돌   ② 워크레스트   ③ 조정편

09

다음 보기는 「산업안전보건법」상 가설통로 설치기준에 관한 내용일 때 빈칸을 채우시오.

```
[보기]
- 경사가 ( ① )도를 초과하는 경우에는 미끄러지지 아니
  하는 구조로 할 것
- 수직갱에 가설된 통로의 길이가 15m 이상인 경우에는
  ( ② )m 이내마다 계단참을 설치
- 건설공사에 사용하는 높이 8m 이상인 비계다리에는
  ( ③ )m 이내마다 계단참을 설치
```

① 15 ② 10 ③ 7

*가설통로의 설치기준
① 견고한 구조로 할 것
② 경사는 30도 이하로 할 것
③ 경사가 15도를 초과하는 경우에는 미끄러지지
  아니하는 구조로 할 것
④ 추락할 위험이 있는 장소에는 안전난간을 설치
  할 것
⑤ 수직갱에 가설된 통로의 길이가 15m 이상인 경
  우에는 10m 이내마다 계단참을 설치할 것
⑥ 건설공사에 사용하는 높이 8m 이상인 비계다리
  에는 7m 이내마다 계단참을 설치할 것

10

「산업안전보건법」상 공정안전보고서 제출대상이 되는 유해·위험설비가 아닌 시설·설비의 종류 2가지 쓰시오.

① 원자력 설비
② 군사시설
③ 차량 등의 운송설비
④ 도매·소매시설
⑤ 사업주가 해당 사업장 내에서 직접 사용하기
  위한 난방용 연료의 저장설비 및 사용설비
⑥ 「액화석유가스의 안전관리 및 사업법」에
  따른 액화석유가스의 충전·저장시설
⑦ 「도시가스사업법」에 따른 가스공급시설

11

다음 보기는 「산업안전보건법」상 사용장소에 따른 방독마스크의 송급기준 중 다음 빈칸을 채우시오.

```
[보기]
- 고농도 : 가스 또는 증기의 농도가 100분의 ( ① )
          이하의 대기 중에서 사용하는 것
- 중농도 : 가스 또는 증기의 농도가 100분의 ( ② )
          이하의 대기 중에서 사용하는 것
- 저농도 : 가스 또는 증기의 농도가 100분의 ( ③ )
          이하의 대기 중에서 사용하는 것으로서 긴급
          용이 아닌 것
- 비고 : 방독마스크는 산소의 농도가 ( ④ )% 이상인
         장소에서 사용할 것
```

① 2 ② 1 ③ 0.1 ④ 18

*방독마스크의 등급

등급	사용장소
고농도	가스 또는 증기의 농도가 100분의 2(암모니아에 있어서는 100분의 3) 이하의 대기 중에서 사용하는 것
중농도	가스 또는 증기의 농도가 100분의 1(암모니아에 있어서는 100분의 1.5)이하의 대기 중에서 사용하는 것
저농도 및 최저농도	가스 또는 증기의 농도가 100분의 0.1 이하의 대기 중에서 사용하는 것으로서 긴급용이 아닌 것
<비고>	
방독마스크는 산소농도가 18% 이상인 장소에서 사용하여야 하고, 고농도와 중농도에서 사용하는 방독마스크는 전면형(격리식, 직결식)을 사용해야 한다.	

12

BLEVE(비등액체 팽창 증기폭발)에 영향을 주는 인자 3가지를 쓰시오.

① 저장용기의 재질
② 저장된 물질의 종류와 형태
③ 주위온도와 압력상태
④ 내용물의 물질적 역학상태
⑤ 내용물의 인화성 및 독성상태

13

「산업안전보건법」상 관리감독자 정기교육의 내용 4가지를 쓰시오.

① 산업안전 및 사고 예방에 관한 사항
② 산업보건 및 직업병 예방에 관한 사항
③ 산업안전보건법령 및 산업재해보상보험 제도에 관한 사항
④ 직무스트레스 예방 및 관리에 관한 사항
⑤ 직장 내 괴롭힘, 고객의 폭언 등으로 인한 건강장해 예방 및 관리에 관한 사항

*교육 구분

구분	내용
채용 시 교육 및 작업내용 변경 시 교육	① 산업안전 및 사고 예방에 관한 사항 ② 산업보건 및 직업병 예방에 관한 사항 ③ 위험성 평가에 관한 사항 ④ 산업안전보건법령 및 산업재해보상보험 제도에 관한 사항 ⑤ 직무스트레스 예방 및 관리에 관한 사항 ⑥ 직장 내 괴롭힘, 고객의 폭언 등으로 인한 건강장해 예방 및 관리에 관한 사항 ⑦ 기계·기구의 위험성과 작업의 순서 및 동선에 관한 사항 ⑧ 작업 개시 전 점검에 관한 사항 ⑨ 정리정돈 및 청소에 관한 사항 ⑩ 사고 발생 시 긴급조치에 관한 사항 ⑪ 물질안전보건자료에 관한 사항

근로자 정기교육	① 산업안전 및 사고 예방에 관한 사항 ② 산업보건 및 직업병 예방에 관한 사항 ③ 위험성 평가에 관한 사항 ④ 건강증진 및 질병 예방에 관한 사항 ⑤ 유해·위험 작업환경 관리에 관한 사항 ⑥ 산업안전보건법령 및 산업재해보상보험 제도에 관한 사항 ⑦ 직무스트레스 예방 및 관리에 관한 사항 ⑧ 직장 내 괴롭힘, 고객의 폭언 등으로 인한 건강장해 예방 및 관리에 관한 사항
관리감독자 정기교육	① 산업안전 및 사고 예방에 관한 사항 ② 산업보건 및 직업병 예방에 관한 사항 ③ 위험성평가에 관한 사항 ④ 유해·위험 작업환경 관리에 관한 사항 ⑤ 산업안전보건법령 및 산업재해보상보험 제도에 관한 사항 ⑥ 직무스트레스 예방 및 관리에 관한 사항 ⑦ 직장 내 괴롭힘, 고객의 폭언 등으로 인한 건강장해 예방 및 관리에 관한 사항 ⑧ 작업공정의 유해·위험과 재해 예방대책에 관한 사항 ⑨ 사업장 내 안전보건관리체제 및 안전·보건조치 현황에 관한 사항 ⑩ 표준안전 작업방법 및 지도 요령에 관한 사항 ⑪ 안전보건교육 능력 배양에 관한 사항 ⑫ 비상시 또는 재해 발생시 긴급조치에 관한 사항 ⑬ 관리감독자의 역할과 임무에 관한 사항

14

A 사업장의 연평균 근로자수는 1500명이며 연간 재해자수가 60명 발생하며 이 중 사망이 3건, 근로손실일수가 1500시간 일 때 연천인율을 구하시오.

$$연천인율 = \frac{재해자수}{연평균\ 근로자수} \times 10^3 = \frac{60}{1500} \times 10^3 = 40$$

01

「산업안전보건법」상 사업주는 위험물질을 제조 · 취급 하는 바닥면의 가로 및 세로가 각 $3m$ 이상인 작업장과 그 작업장이 있는 건축물에 따른 출입구 외에 안전한 장소로 대피할 수 있는 비상구 1개 이상을 아래와 같은 구조로 설치 하여야 할 때 빈칸을 채우시오.

[보기]
- 출입구와 같은 방향에 있지 아니하고, 출입구로부터 (①)m 이상 떨어져 있을 것
- 작업장의 각 부분으로부터 하나의 비상구 또는 출입 구까지의 수평거리가 (②)m 이하가 되도록 할 것
- 비상구의 너비는 (③)m 이상으로 하고, 높이는 (④)m 이상으로 할 것

① 3   ② 50   ③ 0.75   ④ 1.5

*비상구의 설치
① 출입구와 같은 방향에 있지 아니하고, 출입구로 부터 3m 이상 떨어져 있을 것
② 작업장의 각 부분으로부터 하나의 비상구 또는 출입구까지의 수평거리가 50m 이하가 되도록 할 것
③ 비상구의 너비는 0.75m 이상으로 하고, 높이는 1.5m 이상으로 할 것
④ 비상구의 문은 피난 방향으로 열리도록 하고, 실내에서 항상 열 수 있는 구조로 할 것

02

「산업안전보건법」상 다음 보기는 지게차의 헤드가드가 갖추어야할 사항 2가지를 쓰시오.

① 강도는 지게차의 최대하중의 2배 값(4톤을 넘는 값에 대해서는 4톤으로 한다.)의 등분포정하중에 견딜 수 있을 것
② 상부틀의 각 개구의 폭 또는 길이가 16cm 미만일 것
③ 운전자가 앉아서 조작하거나 서서 조작하는 지게차의 헤드가드는 한국산업표준에서 정하는 높이 기준 이상일 것 (입식 : 1.88m, 좌식 : 0.903m)

03

다음 보기는 「산업안전보건법」상 안전기의 설치에 관한 내용일 때 빈칸을 채우시오.

[보기]
- 사업주는 아세틸렌 용접장치의 (①) 마다 안전기를 설치하여야 한다. 다만, 주관 및 (①)에 가장 가까운 (②) 마다 안전기를 부착한 경우에는 그러하지 아니하다.
- 사업주는 가스용기가 발생기와 분리되어있는 아세틸렌 용접장치에 대하여 (③)에 안전기를 설치하여야 한다.

① 취관   ② 분기관   ③ 발생기와 가스용기 사이

04

「산업안전보건법」상 사업주가 가스장치실을 설치해야 할 때 만족하여야 하는 설치기준 3가지를 쓰시오.

① 가스가 누출된 경우에는 그 가스가 정체되지 않도록 할 것
② 지붕과 천장에는 가벼운 불연성 재료를 사용할 것
③ 벽에는 불연성 재료를 사용할 것

05

「산업안전보건법」상 콘크리트 타설작업 시 준수사항 3가지를 쓰시오.

① 콘크리트를 타설하는 경우에는 편심이 발생하지 않도록 골고루 분산하여 타설할 것
② 콘크리트 타설작업 시 거푸집 붕괴의 위험이 발생할 우려가 있으면 충분한 보강조치를 할 것
③ 설계도서상의 콘크리트 양생기간을 준수하여 거푸집동바리등을 해체할 것
④ 당일의 작업을 시작하기 전에 해당 작업에 관한 거푸집동바리등의 변형·변위 및 지반의 침하 유무 등을 점검하고 이상이 있으면 보수할 것
⑤ 작업 중에는 거푸집동바리등의 변형·변위 및 침하 유무 등을 감시할 수 있는 감시자를 배치하여 이상이 있으면 작업을 중지하고 근로자를 대피시킬 것

06

「산업안전보건법」상 크레인 작업시작 전 점검사항 2가지 쓰시오.

① 권과방지장치·브레이크·클러치 및 운전장치의 기능
② 주행로의 상측 및 트롤 리가 횡행하는 레일의 상태
③ 와이어로프가 통하고 있는 곳의 상태

*크레인·이동식크레인 작업시작 전 점검사항

종류	작업시작 전 점검사항
크레인	① 권과방지장치·브레이크·클러치 및 운전장치의 기능 ② 주행로의 상측 및 트롤 리가 횡행하는 레일의 상태 ③ 와이어로프가 통하고 있는 곳의 상태
이동식 크레인	① 권과방지장치나 그 밖의 경보장치의 기능 ② 브레이크·클러치 및 조정장치의 기능 ③ 와이어로프가 통하고 있는 곳 및 작업장소의 지반상태

07

「산업안전보건법」상 사업주가 근로자에게 시행해야 하는 안전보건교육의 종류 4가지를 쓰시오.

① 정기교육
② 특별교육
③ 채용 시 교육
④ 작업내용 변경 시 교육
⑤ 최초 노무 제공 시 교육
⑥ 건설업 기초 안전보건교육

08

다음 보기는 「산업안전보건법」상 중대재해에 대한 기준일 때 빈칸을 채우시오.

> [보기]
> - 사망자가 (①) 이상 발생한 재해
> - 3개월 이상의 요양이 필요한 부상자가 동시에 (②) 이상 발생한 재해
> - 부상자 또는 직업성 질병자가 동시에 (③) 이상 발생한 재해

---

① 1명 ② 2명 ③ 10명

*중대재해

종류	기준
중대재해	① 사망자가 1명 이상 발생한 재해 ② 3개월 이상 요양이 필요한 부상자가 동시에 2명 이상 발생한 재해 ③ 부상자 또는 직업성 질병자가 동시에 10명 이상 발생한 재해
중대산업재해	① 사망자가 1명 이상 발생한 재해 ② 동일한 사고로 6개월 이상 치료가 필요한 부상자가 2명 이상 발생한 재해 ③ 동일한 유해요인으로 급성중독 등 대통령령으로 정하는 직업성 질병자가 1년 이내에 3명 이상 발생한 재해
중대시민재해	① 사망자가 1명 이상 발생한 재해 ② 동일한 사고로 2개월 이상 치료가 필요한 부상자가 10명 이상 발생한 재해 ③ 동일한 원인으로 3개월 이상 치료가 필요한 질병자가 10명 이상 발생한 재해

09

「산업안전보건법」상 다음 표지에 해당하는 명칭을 쓰시오.

①	②	③	④

---

① 화기금지
② 폭발성물질경고
③ 부식성물질경고
④ 고압전기경고

*금지표지

출입금지	보행금지	차량통행 금지	사용금지
탑승금지	금연	화기금지	물체이동 금지

*경고표지

인화성물질 경고	산화성물질 경고	폭발성물질 경고	급성독성 물질경고
부식성물질 경고	방사성물질 경고	고압전기 경고	매달린물체 경고
낙하물 경고	고온 경고	저온 경고	몸균형상실 경고
레이저광선 경고	위험장소 경고	발암성·변이원성·생식 독성·전신독성·호흡기 과민성물질 경고	

10

「산업안전보건법」상 광전자식 방호장치의 형식 구분 중 빈칸을 채우시오.

형식구분	광축의 범위
A	(①) 광축 이하
B	(②) 광축 미만
C	(③) 광축 이상

① 12 ② 13~56 ③ 56

11

다음 보기는 위험점 정의에 대한 설명일 때 각각 알맞은 명칭을 쓰시오.

[보기]
① 왕복운동을 하는 동작 부분과 움직임이 없는 고정 부분 사이에 형성되는 위험점
② 고정 부분과 회전하는 동작 부분이 함께 만드는 위험점
③ 회전하는 부분의 접선방향으로 물려 들어가는 위험점

① 협착점 ② 끼임점 ③ 접선물림점

*기계설비의 6가지 위험점

위험점	그림	설명
협착점		왕복운동을 하는 동작 부분과 움직임이 없는 고정 부분 사이에 형성되는 위험점 ex) 프레스전단기, 성형기, 조형기 등
끼임점		고정 부분과 회전하는 동작 부분이 함께 만드는 위험점 ex) 연삭숫돌과 하우스, 교반기 날개와 하우스, 왕복 운동을 하는 기계 등
절단점		회전하는 운동 부분 자체의 위험에서 초래되는 위험점 ex) 목공용 띠톱부분, 밀링 커터부분 등
물림점		서로 반대방향으로 맞물려 회전하는 2개의 회전체에 물려 들어가는 위험점 ex) 기어, 롤러 등
접선물림점		회전하는 부분의 접선방향으로 물려 들어가는 위험점 ex) V벨트풀리, 평벨트, 체인과 스프로킷 등
회전말림점		회전하는 물체에 작업복 등이 말려드는 위험점 ex) 회전축, 커플링, 드릴 등

12

「한국전기설비규정」상 전로의 사용전압에 관한 표의 빈칸을 채우시오.

전로의 사용전압	DC시험전압	절연저항
SELV 및 PELV	250V	①
FELV, 500V 이하	500V	②
500V 초과	1000V	③

① $0.5M\Omega$
② $1.0M\Omega$
③ $1.0M\Omega$

13

인체 계측자료의 응용원칙 3가지를 쓰시오.

① 조절식 설계
② 극단치 설계
③ 평균치 설계

*인체측정치의 응용원리

설계의 종류	적용 대상	
조절식 설계 (조절범위를 기준)	① 침대 및 의자 높낮이 조절 ② 자동차 운전석	
극단치 설계 (최대치수와 최소치수를 기준)	최대치	① 울타리 높이 ② 출입문 높이 ③ 그네줄 인장강도
	최소치	① 선반의 높이 ② 조정장치 조종힘 ③ 조정장치 조정거리
평균치 설계	① 은행 창구 높이 ② 전동차 손잡이 높이 ③ 공원의 벤치	

14

$20m$의 거리에서 음압수준이 $100dB$일 때 $200m$의 거리에서의 음압수준은 몇 dB인지 구하시오.

$$dB_2 = dB_1 - 20\log\frac{d_2}{d_1}$$
$$= 100 - 20\log\frac{200}{20} = 80dB$$

$$dB_2 = dB_1 - 20\log\frac{d_2}{d_1} \quad \begin{cases} dB : 음압수준 \\ d : 거리 \end{cases}$$

Memo

01

「산업안전보건법」상 사업주가 벌목작업 시 위험방지를 위한 준수사항 2가지를 쓰시오.
(단, 유압식 벌목기를 사용하는 경우는 제외한다.)

① 벌목하려는 경우에는 미리 대피로 및 대피장소를 정해 둘 것
② 벌목작업 중에는 벌목하려는 나무로부터 해당 나무 높이의 2배에 해당하는 직선거리 안에서 다른 작업을 하지 않을 것
③ 벌목하려는 나무의 가슴높이 지름이 $20cm$ 이상인 경우에는 수구의 상면·하면의 각도를 $30°$ 이상으로 하며, 수구 깊이는 뿌리부분 지름의 $\frac{1}{4}$ 이상 $\frac{1}{3}$ 이하로 만들 것

02

부탄(C_4H_{10})에 대한 각 물음에 답하시오.
(단, 부탄 연소하한계는 $1.6vol\%$이다.)

(1) 화학양론식
(2) 최소산소농도(MOC)$[vol\%]$

(1) $C_4H_{10} + 6.5O_2 \rightarrow 4CO_2 + 5H_2O$
　　　(부탄)　　(산소)　　(이산화탄소)　(물)
(2) $MOC = $ 산소몰수 × 연소하한계
　　　　$= 6.5 \times 1.6 = 10.4vol\%$

03

「산업안전보건법」상 사업주가 부두·안벽 등 하역작업을 하는 장소에서의 조치사항 3가지를 쓰시오.

① 작업장 및 통로의 위험한 부분에는 안전하게 작업할 수 있는 조명을 유지할 것
② 부두 또는 안벽의 선을 따라 통로를 설치하는 경우에는 폭을 $90cm$ 이상으로 할 것
③ 육상에서의 통로 및 작업장소로서 다리 또는 선거 갑문을 넘는 보도 등의 위험한 부분에는 안전난간 또는 울타리 등을 설치할 것

04

「산업안전보건법」상 자율안전확인신고 대상 기계·기구 4가지를 쓰시오.

① 연삭기 또는 연마기
② 산업용 로봇
③ 혼합기
④ 파쇄기 또는 분쇄기
⑤ 식품가공용기계
⑥ 컨베이어
⑦ 자동차정비용 리프트
⑧ 공작기계
⑨ 고정형 목재가공용기계
⑩ 인쇄기

05

「산업안전보건법」상 안전인증 대상 보호구 5가지를 쓰시오.

① 안전대
② 안전화
③ 안전장갑
④ 방진마스크
⑤ 방독마스크
⑥ 송기마스크

*안전인증대상 기계·기구 등

기계·기구 및 설비	① 프레스 ② 전단기 및 절곡기 ③ 크레인 ④ 리프트 ⑤ 압력용기 ⑥ 롤러기 ⑦ 사출성형기 ⑧ 고소 작업대 ⑨ 곤돌라
방호장치	① 프레스 및 전단기 방호장치 ② 양중기용 과부하방지장치 ③ 보일러 압력방출용 안전밸브 ④ 압력용기 압력방출용 안전밸브 ⑤ 압력용기 압력방출용 파열판 ⑥ 절연용 방호구 및 활선작업용 기구 ⑦ 방폭구조 전기기계·기구 및 부품 ⑧ 추락·낙하 및 붕괴 등의 위험방지 및 보호에 필요한 가설기자재로서 고용노동부장관이 정하여 고시하는 것
보호구	① 추락 및 감전 위험방지용 안전모 ② 안전화 ③ 안전장갑 ④ 방진마스크 ⑤ 방독마스크 ⑥ 송기마스크 ⑦ 전동식 호흡보호구 ⑧ 보호복 ⑨ 안전대 ⑩ 차광 및 비산물 위험방지용 보안경 ⑪ 용접용 보안면 ⑫ 방음용 귀마개 또는 귀덮개

06

「산업안전보건법」에 따라 철골작업을 중지해야 하는 조건을 단위까지 정확히 쓰시오.

① 풍속 : $10m/s$ 이상인 경우
② 강우량 : $1mm/hr$ 이상인 경우
③ 강설량 : $1cm/hr$ 이상인 경우

*철골공사 작업의 중지 기준

종류	기준
풍속	초당 10m 이상인 경우 ($10m/s$)
강우량	시간당 1mm 이상인 경우 ($1mm/hr$)
강설량	시간당 1cm 이상인 경우 ($1cm/hr$)

07

「산업안전보건법」상 와이어로프의 사용금지 기준 4가지를 쓰시오.

① 이음매가 있는 것
② 꼬인 것
③ 심하게 변형되거나 부식된 것
④ 열과 전기충격에 의해 손상된 것
⑤ 지름의 감소가 공칭지름의 7%를 초과한 것
⑥ 와이어로프의 한 꼬임에서 끊어진 소선의 수가 10% 이상인 것

08

인간-기계 통합시스템에서 시스템이 갖는 기능 4가지를 쓰시오.

① 감지
② 행동
③ 정보보관
④ 정보처리 및 의사결정
⑤ 출력

09

「산업안전보건법」상 사업주가 분진등을 배출하기 위하여 설치하는 국소배기장치(이동식은 제외)의 덕트를 설치할 때 준수사항 3가지를 쓰시오.

① 가능하면 길이는 짧게하고 굴곡부의 수는 적게할 것
② 접속부의 안쪽은 돌출된 부분이 없도록 할 것
③ 청소구를 설치하는 등 청소하기 쉬운 구조로 할 것
④ 연결부위 등은 외부 공기가 들어오지 않도록 할 것
⑤ 덕트 내부에 오염물질이 쌓이지 않도록 이송속도를 유지할 것

10

다음 보기는 인간관계 매커니즘 적응기제에 관한 정의일 때 알맞은 답을 쓰시오.

[보기]
① 자신이 억압된 것을 다른 사람의 것으로 생각한다.
② 다른 사람의 행동양식이나 태도를 주입한다.
③ 남의 행동이나 판단을 표본으로하여 따라한다.

① 투사   ② 동일화   ③ 모방

11

「산업안전보건법」상 이동식 비계 조립 시 준수사항 4가지를 쓰시오.

① 승강용사다리는 견고하게 설치할 것
② 작업발판의 최대적재하중은 $250kg$을 초과하지 않도록 할 것
③ 비계의 최상부에서 작업을 하는 경우에는 안전난간을 설치할 것
④ 작업발판은 항상 수평을 유지하고 작업발판 위에서 안전난간을 딛고 작업을 하거나 받침대 또는 사다리를 사용하여 작업하지 않도록 할 것

⑤ 이동식비계의 바퀴에는 뜻밖의 갑작스러운 이동 또는 전도를 방지하기 위하여 브레이크·쐐기 등으로 바퀴를 고정시킨 다음 비계의 일부를 견고한 시설물에 고정하거나 아웃트리거를 설치하는 등 필요한 조치를 할 것

12

정전기 재해의 방지대책 5가지를 쓰시오.

① 가습
② 도전성 재료 사용
③ 대전 방지제 사용
④ 제전기 사용
⑤ 접지

13

재해예방대책 4원칙을 쓰고 설명하시오.

① 예방가능의 원칙
  : 천재지변을 제외한 모든 재해는 예방이 가능하다.

② 손실우연의 원칙
  : 사고의 결과가 생기는 손실은 우연히 발생한다.

③ 대책선정의 원칙
  : 재해는 적합한 대책이 선정되어야 한다.

④ 원인연계의 원칙
  : 재해는 직접원인과 간접원인이 연계되어 일어난다.

14

미국방성 위험성평가 중 위험도(MIL-STD-882B)
4가지를 쓰시오.

① 파국적
② 위기적(중대)
③ 한계적
④ 무시

*PHA의 식별원 4가지 카테고리
① 파국적 : 시스템 손상 및 사망
② 위기적(중대) : 시스템 중대 손상 및 작업자의 부상
③ 한계적 : 시스템 제어 가능 및 경미상해
④ 무시 : 시스템 및 인적손실 없음

01

「산업안전보건법」상 안전보건총괄책임자의 직무 4가지를 쓰시오.

① 위험성 평가의 실시에 관한 사항
② 작업의 중지
③ 도급 시 산업재해 예방조치
④ 산업안전보건관리비의 관계수급인 간의 사용에 관한 협의·조정 및 그 집행의 감독
⑤ 안전인증대상기계등과 자율안전확인대상기계등의 사용 여부 확인

02

정전기 재해의 방지대책 5가지를 쓰시오.

① 가습
② 도전성 재료 사용
③ 대전 방지제 사용
④ 제전기 사용
⑤ 접지

03

「산업안전보건법」에 따라 산업용 로봇의 작동범위 내에서 해당 로봇에 대하여 교시 등의 작업 시 예기치 못한 작동 또는 오조작에 의한 위험을 방지하기 위하여 수립해야 하는 지침사항 4가지를 쓰시오.
(단, 그 밖의 로봇의 예기치 못한 작동 또는 오조작에 의한 위험을 방지하기 위하여 필요한 조치는 제외하여 쓰시오.)

① 로봇의 조작방법 및 순서
② 작업 중의 매니퓰레이터의 속도

③ 2명 이상의 근로자에게 작업을 시킬 경우의 신호방법
④ 이상을 발견한 경우의 조치
⑤ 이상을 발견하여 로봇의 운전을 정지시킨 후 이를 재가동 시킬 경우의 조치

04

양립성의 종류 3가지를 쓰시오.

① 운동 양립성
② 공간 양립성
③ 개념 양립성
④ 양식 양립성

*양립성
: 자극-반응 조합의 관계에서 인간의 기대와 모순되지 않는 성질

종류	정의 및 예시
운동 양립성	조작장치 방향과 기계의 움직이는 방향이 일치 ex) 조작장치를 시계방향으로 회전하면 기계가 오른쪽으로 이동한다.
공간 양립성	공간적 배치가 인간의 기대와 일치 ex) 오른쪽 버튼 누르면 오른쪽 기계가 작동한다.
개념 양립성	인간이 가지고 있는 개념적 연상과 일치 ex) 붉은색 손잡이는 온수, 푸른색 손잡이는 냉수이다.
양식 양립성	직무에 알맞은 자극과 응답양식의 존재 ex) 기계가 특정 음성에 대해 정해진 반응을 하는 것.

05

「산업안전보건법」상 사업주는 보일러의 폭발 사고를 예방하기 위하여 기능이 정상적으로 작동될 수 있도록 유지·관리 하여야 하는 보일러의 방호장치 4가지를 쓰시오.

① 압력방출장치
② 압력제한스위치
③ 고저수위 조절장치
④ 화염 검출기

06

「산업안전보건법」에 따른 특급 방진마스크 사용 장소 2곳을 쓰시오.

① 베릴륨 등과 같이 독성이 강한 물질들을 함유한 분진 등 발생장소
② 석면 취급장소

*방진마스크 등급 및 사용장소

등급	사용장소
특급	- 베릴륨 등과 같이 독성이 강한 물질들을 함유한 분진 등 발생장소 - 석면 취급장소
1급	- 특급마스크 착용장소를 제외한 분진 등 발생장소 - 금속흄 등과 같이 열적으로 생기는 분진 등 발생장소 - 기계적으로 생기는 분진
2급	- 특급 및 1급 마스크 착용장소를 제외한 분진 등 발생장소

07

「산업안전보건법」상 굴착면에 높이가 $2m$ 이상이 되는 지반의 굴착작업을 하는 경우 작업장의 지형·지반 및 지층 상태 등에 대한 사전조사 후 작성하여야 하는 작업계획서의 포함사항 4가지를 쓰시오.

① 굴착방법 및 순서, 토사 반출 방법
② 필요한 인원 및 장비 사용계획
③ 매설물 등에 대한 이설·보호대책
④ 사업장 내 연락방법 및 신호방법
⑤ 흙막이 지보공 설치방법 및 계측계획
⑥ 작업지휘자의 배치계획

08

보일링 현상 방지대책 3가지 쓰시오.

① 지하수위 저하
② 지하수의 흐름 막기
③ 흙막이 벽을 깊이 설치

*히빙·보일링 현상

현상	세부내용
히빙	굴착면 저면이 부풀어 오르는 현상이고, 연약한 점토지반을 굴착할 때 굴착배면의 토사중량이 굴착저면 이하의 지반지지력보다 클 때 발생한다. 방지대책) ① 흙막이벽의 근입장을 깊게 ② 흙막이벽 주변 과재하 금지 ③ 굴착저면 지반 개량 ④ Island Cut 공법 선정하여 굴착저면 하중 부여
보일링	굴착 저면과 굴착배면의 수위차로 인해 침수투압이 모래와 같이 솟아오르는 현상이고, 사질토 지반에서 주로 발생하며, 흙막이벽 하단의 지지력 감소 및 토립자 이동으로 흙막이 붕괴 및 주변지반 파괴의 원인이 된다. 방지대책) ① 흙막이벽을 깊이 설치 ② 지하수의 흐름 막기 ③ 지하수위 저하 등

09

「산업안전보건법」상 사업주는 잠함 또는 우물통의 내부에서 근로자가 굴착작업을 하는 경우에 잠함 또는 우물통의 급격한 침하에 의한 위험을 방지하기 위하여 준수하여야 할 사항 2가지를 쓰시오.

① 침하관계도에 따른 굴착방법 및 재하량 등을 정할 것
② 바닥으로부터 천장 또는 보까지의 높이는 $1.8m$ 이상으로 할 것

10

「산업안전보건법」에 따른 위험물질 종류 5가지를 쓰시오.

① 인화성 액체
② 인화성 가스
③ 부식성 물질
④ 급성독성물질
⑤ 산화성 액체 및 산화성 고체
⑥ 폭발성 물질 및 유기과산화물
⑦ 물반응성물질 및 인화성 고체

11

화물의 하중을 두 줄로 지지하는 와이어로프의절단하중이 $2000kg$일 때 와이어로프의 한 줄 허용하중 $[kg]$을 구하시오.

안전율 $= \dfrac{절단하중}{허용하중}$ 에서,

$\therefore 허용하중 = \dfrac{절단하중}{안전율} = \dfrac{\frac{2000}{2[줄]}}{5} = 200kg$

(화물의 하중을 직접 지지하는 와이어로프의 안전율 $= 5$)

*안전계수(안전율)

안전계수

$= \dfrac{극한강도}{최대설계응력} = \dfrac{파단하중}{안전하중} = \dfrac{파괴하중}{최대사용하중}$

$= \dfrac{인장강도}{허용응력} = \dfrac{최대응력}{허용응력} = \dfrac{파괴응력}{인장응력} = \dfrac{절단하중}{허용하중}$

*와이어로프의 안전계수

조건	안전계수
근로자가 탑승하는 운반구를 지지하는 달기와이어로프 또는 달기체인의 경우	10 이상
화물의 하중을 직접 지지하는 달기와이어로프 또는 달기체인의 경우	5 이상
훅, 샤클, 클램프, 리프팅 빔의 경우	3 이상
그 밖의 경우	4 이상

12

A 사업장의 도수율이 12이고 지난 한해동안 12건의 재해로 인하여 20명의 재해자가 발생하여 총 휴업일수는 146일일 때 사업장의 강도율을 구하시오.
(단, 근로자는 1일 10시간씩 연간 250일 근무한다.)

도수율 $= \dfrac{재해건수}{연근로 총시간수} \times 10^6$ 에서,

연근로 총시간수 $= \dfrac{재해건수}{도수율} \times 10^6 = \dfrac{12}{12} \times 10^6 = 10^6$시간

$\therefore 강도율 = \dfrac{근로손실일수}{연근로 총시간수} \times 10^3$

$= \dfrac{146 \times \frac{250}{365}}{10^6} \times 10^3 = 0.1$

13

다음 보기를 참고하여 에너지 대사율[R MR]을 구하시오.

> [보기]
> ① 기초대사량 7000[kg/day]
> ② 운동 시 산소소모량 20000[kg/day]
> ③ 안정 시 산소소모량 6000[kg/day]

$$\text{RMR} = \frac{\text{운동시산소소모량} - \text{안정시산소소모량}}{\text{기초대사량}}$$

$$= \frac{20000 - 6000}{7000} = 2$$

*에너지 대사율(RMR)

$$\text{RMR} = \frac{\text{운동시산소소모량} - \text{안정시산소소모량}}{\text{기초대사량}}$$

작업	RMR
가벼운 작업(輕)	1~2
보통 작업(中)	2~4
무거운 작업(重)	4~7
초중 작업	7이상

14

거리가 $2m$에서 조도가 $150 Lux$일 때, 거리가 $3m$일 때 조도[Lux]를 구하시오.

$$조도_2 = 조도_1 \times \left(\frac{거리_1}{거리_2}\right)^2 = 150 \times \left(\frac{2}{3}\right)^2 = 66.67 Lux$$

01

「산업안전보건법」상 중대재해에 대한 기준 3가지를 쓰시오.

① 사망자가 1명 이상 발생한 재해
② 3개월 이상 요양이 필요한 부상자가 동시에 2명 이상 발생한 재해
③ 부상자 또는 직업성 질병자가 동시에 10명 이상 발생한 재해

*중대재해

종류	기준
중대재해	① 사망자가 1명 이상 발생한 재해 ② 3개월 이상 요양이 필요한 부상자가 동시에 2명 이상 발생한 재해 ③ 부상자 또는 직업성 질병자가 동시에 10명 이상 발생한 재해
중대산업재해	① 사망자가 1명 이상 발생한 재해 ② 동일한 사고로 6개월 이상 치료가 필요한 부상자가 2명 이상 발생한 재해 ③ 동일한 유해요인으로 급성중독 등 대통령령으로 정하는 직업성 질병자가 1년 이내에 3명 이상 발생한 재해
중대시민재해	① 사망자가 1명 이상 발생한 재해 ② 동일한 사고로 2개월 이상 치료가 필요한 부상자가 10명 이상 발생한 재해 ③ 동일한 원인으로 3개월 이상 치료가 필요한 질병자가 10명 이상 발생한 재해

02

「산업안전보건법」에 따른 크레인, 이동식크레인, 곤돌라의 공통 방호장치 4가지를 쓰시오.

① 권과방지장치
② 과부하방지장치
③ 제동장치
④ 비상정지장치

03

「산업안전보건법」상 다음 보기에서 필요한 안전관리자의 최소 인원을 각각 쓰시오.

> [보기]
> ① 펄프 제조업 - 상시근로자 600명
> ② 고무제품 제조업 - 상시근로자 300명
> ③ 우편·통신업 - 상시근로자 500명
> ④ 건설업 - 공사금액 700억

① 2명   ② 1명   ③ 1명   ④ 1명

*안전관리자 최소인원
① 펄프 제조업
: 50명 이상 500명 미만 - 1명, 500명 이상 - 2명

② 고무제품 제조업
: 50명 이상 500명 미만 - 1명, 500명 이상 - 2명

③ 우편•통신업
: 50명 이상 1000명 미만 - 1명, 1000명 이상 - 2명

④ 건설업
: 공사금액 50억~800억 미만 - 1명, 800억 이상 - 2명

04

산업안전 보건법 개정으로 폐지된 내용입니다.

위험예지훈련 4단계를 쓰시오.

1단계 : 현상파악
2단계 : 본질추구
3단계 : 대책수립
4단계 : 목표설정

*위험예지훈련 제4단계(4라운드)

단계	내용
제1단계	현상파악
제2단계	본질추구
제3단계	대책수립
제4단계	목표설정

05

인체 계측자료의 응용원칙 3가지를 쓰시오.

① 조절식 설계
② 극단치 설계
③ 평균치 설계

*인체측정치의 응용원리

설계의 종류	적용 대상		
조절식 설계 (조절범위를 기준)	① 침대 및 의자 높낮이 조절 ② 자동차 운전석		
극단치 설계 (최대치수와 최소치수를 기준)	최대치	① 울타리 높이 ② 출입문 높이 ③ 그네줄 인장강도	
	최소치	① 선반의 높이 ② 조정장치 조종힘 ③ 조정장치 조정거리	
평균치 설계	① 은행 창구 높이 ② 전동차 손잡이 높이 ③ 공원의 벤치		

06

공기압축기 작업시작 전 점검사항 4가지를 쓰시오.

① 윤활유의 상태
② 언로드밸브의 기능
③ 압력방출장치의 기능
④ 회전부의 덮개 또는 울
⑤ 드레인밸브의 조작 및 배수
⑥ 공기저장 압력용기의 외관 상태

07

「산업안전보건법」상 사업주는 보일러의 폭발 사고를 예방하기 위하여 기능이 정상적으로 작동될 수 있도록 유지·관리 하여야 하는 보일러의 방호장치 4가지를 쓰시오.

① 압력방출장치
② 압력제한스위치
③ 고저수위 조절장치
④ 화염 검출기

08

「산업안전보건법」상 전기 기계·기구를 설치할 때의 주의사항 3가지를 쓰시오.

① 전기 기계·기구의 충분한 전기적 용량 및 기계적 강도
② 습기·분진 등 사용 장소의 주위 환경
③ 전기적·기계적 방호수단의 적정성

09

「산업안전보건법」에 따른 안전모의 성능시험 항목 5가지를 쓰시오.

① 내관통성 시험
② 내전압성 시험
③ 내수성 시험
④ 난연성 시험
⑤ 충격흡수성 시험
⑥ 턱끈풀림

10

다음 표의 HAZOP 기법에 사용되는 가이드워드의 의미를 각각 쓰시오.

가이드워드	의미
As Well As	①
Part Of	②
Other Than	③
Reverse	④

① 성질상의 증가
② 성질상의 감소
③ 완전한 대체의 사용
④ 설계의도의 논리적인 역

*HAZOP 기법에 사용되는 가이드워드

가이드워드	의미
As Well As	성질상의 증가
Part Of	성질상의 감소
Other Than	완전한 대체의 사용
Reverse	설계의도의 논리적인 역
Less	양의 감소
More	양의 증가
No or Not	설계의도의 완전한 부정

11

다음 보기는 「산업안전보건법」에 따른 달비계의 적재하중을 정하려할 때 빈칸을 채우시오.

> [보기]
> 화물의 하중을 직접 지지하는 달기와이어로프 또는 달기체인의 경우 : 안전계수 (   ) 이상

5

*와이어로프의 안전계수

조건	안전계수
근로자가 탑승하는 운반구를 지지하는 달기와이어로프 또는 달기체인의 경우	10 이상
화물의 하중을 직접 지지하는 달기와이어로프 또는 달기체인의 경우	5 이상
훅, 샤클, 클램프, 리프팅 빔의 경우	3 이상
그 밖의 경우	4 이상

12

LD_{50}을 설명하시오.

피실험 동물의 절반을 사망케하는 양

*급성독성물질

분류	물질
LD_{50} (경구, 쥐)	$300mg/kg$ 이하
LD_{50} (경피, 토끼 또는 쥐)	$1000mg/kg$ 이하
가스 LC_{50} (쥐, 4시간 흡입)	$2500ppm$ 이하
증기 LC_{50} (쥐, 4시간 흡입)	$10mg/\ell$ 이하
분진, 미스트 LC_{50} (쥐, 4시간 흡입)	$1mg/\ell$ 이하

13

「산업안전보건법」상 안전인증대상 기계·기구 등이 안전기준에 적합한지를 확인하기 위하여 안전인증 심사의 종류 3가지를 쓰시오.

① 예비심사
② 서면심사
③ 기술능력 및 생산체계 심사
④ 제품심사

*안전인증 심사의 종류·방법 및 심사기간

심사의 종류	방법		심사기간
예비 심사	기계 및 방호장치·보호구가 유해·위험기계등 인지를 확인하는 심사 (법 제84조제3항에 따라 안전인증을 신청한 경우만 해당한다)		7일
서면 심사	유해·위험기계등의 종류별 또는 형식별로 설계도면 등 유해·위험기계등의 제품기술과 관련된 문서가 안전인증기준에 적합한지에 대한 심사		15일 (외국에서 제조한 경우 30일)
기술 능력 및 생산 체계 심사	유해·위험기계등의 안전성능을 지속적으로 유지·보증하기 위하여 사업장에서 갖추어야 할 기술능력과 생산체계가 안전인증기준에 적합한지에 대한 심사		30일 (외국에서 제조한 경우 30일)
제품 심사	개별	서면심사 결과가 안전인증기준에 적합할 경우에 유해·위험기계등 모두에 대하여 하는 심사	15일
	형식	서면심사와 기술능력 및 생산체계 심사 결과가 안전인증기준에 적합할 경우에 유해·위험기계등의 형식별로 표본을 추출하여 하는 심사	30일 (일부 방호장치 보호구는 60일)

14

A 사업장의 근로자수가 300명, 연간 15건의 재해 발생으로 인한 휴업일수 288일이 발생하였을 때 다음을 구하시오.
(단, 근무시간은 1일 8시간, 근무일수는 연간 280일이다.)

(1) 도수율
(2) 강도율

(1) 도수율 $= \dfrac{\text{재해건수}}{\text{연근로 총시간수}} \times 10^6$

$\quad = \dfrac{15}{300 \times 8 \times 280} \times 10^6 = 22.32$

(2) 강도율 $= \dfrac{\text{근로손실일수}}{\text{연근로 총시간수}} \times 10^3$

$\quad = \dfrac{288 \times \dfrac{280}{365}}{300 \times 8 \times 280} \times 10^3 = 0.33$

01

「산업안전보건법」상 산업안전보건위원회의 근로자 위원 자격 3가지를 쓰시오.

① 근로자 대표
② 근로자대표가 지명하는 1명 이상의 명예감독관
③ 근로자대표가 지명하는 9명 이내의 해당 사업장의 근로자

02

「산업안전보건법」상 방호조치를 하지 아니하고는 양도·대여·설치 또는 사용에 제공하거나, 양도·대여의 목적으로 진열해서는 안되며, 유해위험방지를 위해 방호조치가 무조건 필요한 기계·기구 4가지를 쓰시오.

① 예초기
② 원심기
③ 공기압축기
④ 포장기계(진공포장기, 랩핑기로 한정)
⑤ 금속절단기
⑥ 지게차

03

「산업안전보건법」상 와이어로프의 사용금지 기준 4가지를 쓰시오.

① 이음매가 있는 것
② 꼬인 것
③ 심하게 변형되거나 부식된 것
④ 열과 전기충격에 의해 손상된 것
⑤ 지름의 감소가 공칭지름의 7%를 초과한 것
⑥ 와이어로프의 한 꼬임에서 끊어진 소선의 수가 10% 이상인 것

04

다음 보기는 「산업안전보건법」에 따른 공정안전보고서 이행상태평가에 관한 내용일 때 빈칸을 채우시오.

[보기]
- 고용노동부장관은 공정안전보고서의 확인 후 1년이 경과한 날부터 (①) 이내에 공정안전보고서 이행상태의 평가를 해야한다.
- 사업주가 이행평가에 대한 추가요청을 하면 (②)기간 내에 이행평가를 할 수 있다.

① 2년
② 1년 또는 2년

05

「산업안전보건법」상 안전화의 성능기준 항목 4가지를
쓰시오.

① 내답발성
② 내압박성
③ 내충격성
④ 내부식성
⑤ 내유성
⑥ 박리저항

06

다음 그림은 인간-기계 기능체계 및 기본행동 기능
일 때 빈칸을 채우시오.

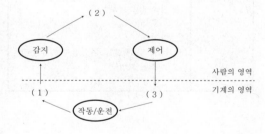

① 출력   ② 정보처리   ③ 입력

*인간-기계 기능체계 및 기본행동 기능 순서
출력 → 감지 → 정보처리 → 제어 → 입력 →
작동 및 운전 → 출력 → …(반복)

07

「산업안전보건법」상 보호구의 안전인증제품에 표시
사항 4가지를 쓰시오.

① 제조자명
② 안전인증 번호
③ 제조번호 및 제조연월
④ 모델명 또는 형식
⑤ 규격 또는 등급 등

08

재해조사시 유의사항 4가지를 쓰시오.

① 사실을 수집한다.
② 위험에 대비해 보호구를 착용한다.
③ 객관적인 입장에서 2인 이상 실시한다.
④ 피해자에 대한 구급조치를 우선한다.
⑤ 책임추궁보다 재발방지에 역점을 둔다.

09

「산업안전보건법」상 안전보건총괄책임자의 직무
4가지를 쓰시오.

① 위험성 평가의 실시에 관한 사항
② 작업의 중지
③ 도급 시 산업재해 예방조치
④ 산업안전보건관리비의 관계수급인 간의 사용에
   관한 협의·조정 및 그 집행의 감독
⑤ 안전인증대상기계등과 자율안전확인대상기계등의
   사용 여부 확인

10

인간-기계 통제 제어의 정도의 분류 3가지를 쓰시오.

① 수동 시스템
② 기계 시스템
③ 자동 시스템

*인간-기계 통합시스템 유형

종류	내용
수동 시스템	다양성(융통성)이 우수하며, 수공구나 기타 보조물을 사용하고 동력원은 인간 자신에 신체적인 힘이다.
반자동 시스템 (기계 시스템)	동력원은 기계, 인간의 역할은 통제이다.
자동 시스템	인간의 역할은 설계, 설치, 감시, 프로그램, 보전한다.

11

다음 보기는 「산업안전보건법」상 의무안전 인증대상 기계 · 기구 및 설비, 방호장치 또는 보호구에 해당하는 것을 4가지만 골라쓰시오.

```
[보기]
① 안전대   ② 연삭기 덮개   ③ 파쇄기   ④ 산업용 로봇
   ⑤ 압력용기   ⑥ 양중기용 과부하방지장치
⑦ 교류아크용접기용 자동전격방지기   ⑧ 이동식 사다리
      ⑨ 동력식 수동대패용 칼날 접촉방지장치
              ⑩ 용접용 보안면
```

①, ⑤, ⑥, ⑩

*안전인증대상 기계·기구 등

기계 · 기구 및 설비	① 프레스 ② 전단기 및 절곡기 ③ 크레인 ④ 리프트 ⑤ 압력용기 ⑥ 롤러기 ⑦ 사출성형기 ⑧ 고소 작업대 ⑨ 곤돌라
방호장치	① 프레스 및 전단기 방호장치 ② 양중기용 과부하방지장치 ③ 보일러 압력방출용 안전밸브 ④ 압력용기 압력방출용 안전밸브 ⑤ 압력용기 압력방출용 파열판 ⑥ 절연용 방호구 및 활선작업용 기구 ⑦ 방폭구조 전기기계·기구 및 부품 ⑧ 추락·낙하 및 붕괴 등의 위험방지 및 보호에 필요한 가설기자재로서 고용노동부장관이 정하여 고시하는 것
보호구	① 추락 및 감전 위험방지용 안전모 ② 안전화 ③ 안전장갑 ④ 방진마스크 ⑤ 방독마스크 ⑥ 송기마스크 ⑦ 전동식 호흡보호구 ⑧ 보호복 ⑨ 안전대 ⑩ 차광 및 비산물 위험방지용 보안경 ⑪ 용접용 보안면 ⑫ 방음용 귀마개 또는 귀덮개

12

「산업안전보건법」상 근로자 정기교육의 내용 4가지를 쓰시오.

① 산업안전 및 사고 예방에 관한 사항
② 산업보건 및 직업병 예방에 관한 사항
③ 산업안전보건법령 및 산업재해보상보험 제도에 관한 사항
④ 직무스트레스 예방 및 관리에 관한 사항
⑤ 직장 내 괴롭힘, 고객의 폭언 등으로 인한 건강장해 예방 및 관리에 관한 사항

*교육 구분

구분	내용
채용 시 교육 및 작업내용 변경 시 교육	① 산업안전 및 사고 예방에 관한 사항 ② 산업보건 및 직업병 예방에 관한 사항 ③ 위험성 평가에 관한 사항 ④ 산업안전보건법령 및 산업재해보상보험 제도에 관한 사항 ⑤ 직무스트레스 예방 및 관리에 관한 사항 ⑥ 직장 내 괴롭힘, 고객의 폭언 등으로 인한 건강장해 예방 및 관리에 관한 사항 ⑦ 기계·기구의 위험성과 작업의 순서 및 동선에 관한 사항 ⑧ 작업 개시 전 점검에 관한 사항 ⑨ 정리정돈 및 청소에 관한 사항 ⑩ 사고 발생 시 긴급조치에 관한 사항 ⑪ 물질안전보건자료에 관한 사항
근로자 정기교육	① 산업안전 및 사고 예방에 관한 사항 ② 산업보건 및 직업병 예방에 관한 사항 ③ 위험성 평가에 관한 사항 ④ 건강증진 및 질병 예방에 관한 사항 ⑤ 유해·위험 작업환경 관리에 관한 사항 ⑥ 산업안전보건법령 및 산업재해보상보험 제도에 관한 사항 ⑦ 직무스트레스 예방 및 관리에 관한 사항 ⑧ 직장 내 괴롭힘, 고객의 폭언 등으로 인한 건강장해 예방 및 관리에 관한 사항
관리감독자 정기교육	① 산업안전 및 사고 예방에 관한 사항 ② 산업보건 및 직업병 예방에 관한 사항 ③ 위험성평가에 관한 사항 ④ 유해·위험 작업환경 관리에 관한 사항 ⑤ 산업안전보건법령 및 산업재해보상보험 제도에 관한 사항 ⑥ 직무스트레스 예방 및 관리에 관한 사항 ⑦ 직장 내 괴롭힘, 고객의 폭언 등으로 인한 건강장해 예방 및 관리에 관한 사항 ⑧ 작업공정의 유해·위험과 재해 예방 대책에 관한 사항 ⑨ 사업장 내 안전보건관리체제 및 안전·보건조치 현황에 관한 사항 ⑩ 표준안전 작업방법 및 지도 요령에 관한 사항 ⑪ 안전보건교육 능력 배양에 관한 사항 ⑫ 비상시 또는 재해 발생시 긴급조치에 관한 사항 ⑬ 관리감독자의 역할과 임무에 관한 사항

13

「산업안전보건법」상 흙막이 지보공 정기점검 사항 3가지를 쓰시오.

① 부재의 손상·변형·부식·변위 및 탈락의 유무와 상태
② 부재의 접속부·부착부 및 교차부의 상태
③ 침하의 정도
④ 버팀대의 긴압의 정도

14

「산업안전보건법」상 동력식 수동대패기에 대한 각 물음에 답하시오.

(1) 방호장치명
(2) 방호장치의 종류 2가지

(1) 방호장치 : 날접촉예방장치
(2) 종류 : 고정식, 가동식

01

「산업안전보건법」에 따라 비, 눈 그 밖의 악천후로 인하여 작업을 중지시킨 후 또는 비계를 조립·해체하거나 변경한 후 작업재개 시 해당 작업시작 전 점검항목 4가지를 쓰시오.

① 발판 재료의 손상 여부 및 부착 또는 걸림 상태
② 해당 비계의 연결부 또는 접속부의 풀림 상태
③ 연결 재료 및 연결 철물의 손상 또는 부식 상태
④ 손잡이의 탈락 여부
⑤ 기둥의 침하, 변형, 변위 또는 흔들림 상태
⑥ 로프의 부착 상태 및 매단 장치의 흔들림 상태

02

「산업안전보건법」상 유해위험방지계획서 제출 대상 사업의 종류 3가지를 쓰시오.
(단, 전기 계약용량이 $300kW$ 이상인 경우에 한한다.)

① 1차 금속 제조업
② 가구 제조업
③ 식료품 제조업
④ 반도체 제조업
⑤ 전자부품 제조업
⑥ 고무제품 및 플라스틱제품 제조업
⑦ 목재 및 나무제품 제조업
⑧ 기타 제품 제조업
⑨ 금속가공제품 제조업(기계 및 가구는 제외)
⑩ 비금속 광물제품 제조업
⑪ 화학물질 및 화학제품 제조업
⑫ 기타 기계 및 장비 제조업
⑬ 자동차 및 트레일러 제조업

03

다음 보기는 「산업안전보건법」에 따른 롤러기 급정지 장치 원주속도와 안전거리에 관한 내용일 때 빈칸을 채우시오.

[보기]
$30m/min$ 이상 – 앞면 롤러 원주의 (①) 이내
$30m/min$ 미만 – 앞면 롤러 원주의 (②) 이내

① $\frac{1}{2.5}$ ② $\frac{1}{3}$

*급정지거리 기준

속도 기준	급정지거리 기준
$30m/min$ 이상	앞면 롤러 원주의 $\frac{1}{2.5}$ 이내
$30m/min$ 미만	앞면 롤러 원주의 $\frac{1}{3}$ 이내

04

「산업안전보건법」상 화학설비 및 그 부속설비에 폭발방지 성능과 규격을 갖춘 안전밸브 또는 파열판을 설치하여야 하는 경우 3가지를 쓰시오.

① 정변위 압축기
② 정변위 펌프(토출축에 차단밸브가 설치된 것만 해당)
③ 배관(2개 이상의 밸브에 의하여 차단되어 대기온도에서 액체의 열팽창에 의하여 파열될 우려가 있는 것으로 한정)
④ 압력용기(안지름이 150mm 이하인 압력용기는 제외하며, 압력용기 중 관형 열교환기의 경우에는 관의 파열로 인하여 상승한 압력이 압력용기의 최고사용압력을 초과할 우려가 있는 경우만 해당)

05

「산업안전보건법」상 사업장에 안전보건 관리규정을 작성하려 할 때 포함사항 4가지를 쓰시오.

① 안전 및 보건에 관한 관리조직과 그 직무에 관한 사항
② 안전보건교육에 관한 사항
③ 작업장의 안전 및 보건 관리에 관한 사항
④ 사고 조사 및 대책 수립에 관한 사항

06

「산업안전보건법」상 금지 표지 중 "출입금지표지"를 그리시오.
(단, 색상표시는 글자로 나타내시오.)

바탕 : 흰색
도형 : 빨간색
화살표 : 검정색

07

중량물을 취급하는 작업에서 작성하는 작업계획서 포함사항 3가지를 쓰시오.

① 추락위험을 예방할 수 있는 안전대책
② 낙하위험을 예방할 수 있는 안전대책
③ 전도위험을 예방할 수 있는 안전대책
④ 협착위험을 예방할 수 있는 안전대책
⑤ 붕괴위험을 예방할 수 있는 안전대책

08

「산업안전보건법」상 누전에 의한 감전의 위험을 방지하기 위해 접지를 실시하는 코드와 플러그를 접속하여 사용하는 전기기계 · 기구 3가지를 쓰시오.

① 휴대형 손전등
② 사용전압이 대지전압 150V를 넘는 것
③ 고정형·이동형 또는 휴대형 전동기계·기구
④ 냉장고·세탁기·컴퓨터 및 주변기기 등과 같은 고정형 전기기계·기구
⑤ 물 또는 도전성이 높은 곳에서 사용하는 전기기계·기구, 비접지형 콘센트

09

「산업안전보건법」상 로봇작업에 대한 특별안전보건 교육을 실시할 때 교육내용 4가지를 쓰시오.

① 로봇의 기본원리·구조 및 작업방법에 관한 사항
② 이상 발생 시 응급조치에 관한 사항
③ 조작방법 및 작업순서에 관한 사항
④ 안전시설 및 안전기준에 관한 사항

10

다음 보기는 「산업안전보건법」에 따른 아세틸렌 용접 장치의 아세틸렌 발생기 설치에 대한 내용일 때 빈칸을 채우시오.

[보기]
사업주는 아세틸렌 용접장치의 아세틸렌 발생기를 설치하는 경우에는 전용의 발생기실에 설치하여야 한다.
발생기실은 건물의 (①)에 위치하여야 하며, 화기를 사용하는 설비로부터 (②)m를 초과하는 장소에 설치하여야 한다.
발생기실을 옥외에 설치한 경우에는 그 개구부를 다른 건축물로부터 (③)m 이상 떨어지도록 하여야 한다.

① 최상층 ② 3 ③ 1.5

11

다음 보기는 강도율의 정의에 대한 설명일 때 빈칸을 채우시오.

[보기]
강도율이라 함은 근로시간 (①) 시간당 재해로 인한 (②)를 말한다.

① 1000 ② 근로손실일수

12

「산업안전보건법」상 달비계에 사용할 수 없는 달기체인의 기준 2가지를 쓰시오.

① 링의 단면지름 감소가 그 달기체인이 제조된 때의 당해 링의 지름의 10%를 초과한 것
② 달기체인의 길이 증가가 그 달기체인이 제조된 때의 길이 5%를 초과한 것
③ 균열이 있거나 심하게 변형된 것

13

「산업안전보건법」에 따른 안전성평가를 순서대로 나열하시오.

[보기]
① 정성적평가 ② 재평가 ③ FTA 재평가
④ 대책검토 ⑤ 자료정비 ⑥ 정량적평가

⑤ → ① → ⑥ → ④ → ② → ③

*안전성 평가 6단계
1단계 : 관계자료의 작성준비(자료정비)
2단계 : 정성적평가
3단계 : 정량적평가
4단계 : 안전대책 수립(대책검토)
5단계 : 재해정보에 의한 재평가
6단계 : FTA에 의한 재평가

14

A 사업장의 제품은 10000시간 동안 10개의 제품에 고장이 발생될 때 다음을 구하시오.
(단, 이 제품의 수명은 지수분포를 따른다.)

(1) 고장률[건/hr]
(2) 900시간동안 적어도 1개의 제품이 고장날 확률

(1)

$$고장률(\lambda) = \frac{고장건수}{총가동시간} = \frac{10}{10000} = 0.001건/hr$$

(2) 불신뢰도 $= 1 - 신뢰도$
$$= 1 - e^{-\lambda t} = 1 - e^{-(0.001 \times 900)} = 0.59$$

01

다음 보기는 「산업안전보건법」상 연삭숫돌에 관한 내용일 때 빈칸을 채우시오.

> [보기]
> 사업주는 연삭숫돌을 사용하는 작업의 경우 작업을 시작하기 전에는 (①)분 이상, 연삭숫돌을 교체한 후에는 (②)분 이상 시험운전을 하고 해당 기계에 이상이 있는지 확인할 것

① 1 ② 3

02

양립성 2가지를 쓰고 사례를 들어 설명하시오.

① 공간 양립성
 : 오른쪽 버튼을 누르면 오른쪽 기계가 작동한다.

② 운동 양립성
 : 조작장치를 시계방향으로 회전하면 기계가 오른쪽으로 이동한다.

*양립성
: 자극-반응 조합의 관계에서 인간의 기대와 모순되지 않는 성질

종류	정의 및 예시
운동 양립성	조작장치 방향과 기계의 움직이는 방향이 일치 ex) 조작장치를 시계방향으로 회전하면 기계가 오른쪽으로 이동한다.
공간 양립성	공간적 배치가 인간의 기대와 일치 ex) 오른쪽 버튼 누르면 오른쪽 기계가 작동한다.
개념 양립성	인간이 가지고 있는 개념적 연상과 일치 ex) 붉은색 손잡이는 온수, 푸른색 손잡이는 냉수이다.
양식 양립성	직무에 알맞은 자극과 응답양식의 존재 ex) 기계가 특정 음성에 대해 정해진 반응을 하는 것.

03

「산업안전보건법」상 다음 보기의 교육 시간을 각각 쓰시오.

[보기]
① 안전보건관리책임자 보수교육
② 안전보건관리책임자 신규교육
③ 안전관리자 신규교육
④ 건설재해예방전문지도기관 종사자 보수교육

① 6시간 이상
② 6시간 이상
③ 34시간 이상
④ 24시간 이상

*안전보건관리책임자 등에 대한 교육

교육대상	교육시간	
	신규교육	보수교육
안전보건관리책임자	6시간 이상	6시간 이상
안전관리자, 안전관리전문기관의 종사자	34시간 이상	24시간 이상
보건관리자, 보건관리전문기관의 종사자	34시간 이상	24시간 이상
건설재해예방전문지도기관의 종사자	34시간 이상	24시간 이상
석면조사기관의 종사자	34시간 이상	24시간 이상
안전보건관리담당자	－	8시간 이상
안전검사기관, 자율안전검사기관의 종사자	34시간 이상	24시간 이상

04

「산업안전보건법」상 자율검사프로그램의 인정을 취소하거나 인정받은 자율검사프로그램의 내용에 따라 검사를 하도록 개선을 명할 수 있는 경우 2가지를 쓰시오.

① 거짓이나 그 밖의 부정한 방법으로 자율검사프로그램을 인정받은 경우
② 자율검사프로그램을 인정받고도 검사를 하지 아니한 경우
③ 인정받은 자율검사프로그램의 내용에 따라 검사를 하지 아니한 경우

05

다음 보기 내용의 재해를 분석하여 각 물음에 답하시오.

[보기]
어떠한 근로자가 작업장 통로를 걷다가 바닥에 있는 기름에 미끄러져 넘어져서 선반에 머리를 부딪쳐 부상을 입었다.

(1) 사고유형(산업재해 명칭)
(2) 기인물
(3) 가해물

(1) 넘어짐
(2) 기름
(3) 선반

*산업재해 명칭

명칭	내용
떨어짐	높이가 있는 곳에서 사람이 떨어짐
넘어짐	사람이 미끄러지거나 넘어짐
깔림	물체의 쓰러짐이나 뒤집힘
부딪힘	물체에 부딪힘
맞음	날아오거나 떨어진 물체에 맞음
무너짐	건축물이나 쌓인 물체가 무너짐
끼임	기계설비에 끼이거나 감김

06

「산업안전보건법」상 안전관리자를 정수 이상으로 증원·교체·임명할 수 있는 사유 3가지를 쓰시오.

① 해당 사업장의 연간 재해율이 같은 업종의 평균 재해율의 2배 이상인 경우
② 중대재해가 연간 2건 이상 발생한 경우
③ 관리자가 질병이나 그 밖의 사유로 3개월 이상 직무를 수행할 수 없게 된 경우
④ 화학적 인자로 인한 직업성 질병자가 연간 3명 이상 발생한 경우

07

산업안전 보건법 개정으로 폐지된 내용입니다.

접지공사 종류에서 접지저항값 및 접지선의 굵기에 대한 표의 빈칸을 채우시오.

종별	접지저항	접지선의 굵기
제1종	(①)Ω 이하	공칭단면적 $6mm^2$ 이상의 연동선
제2종	$\dfrac{150}{1선 \ 지락전류}$ Ω 이하	공칭단면적 (②)mm^2 이상의 연동선
제3종	(③)Ω 이하	공칭단면적 $2.5mm^2$ 이상의 연동선
특별 제3종	10Ω 이하	공칭단면적 (④)mm^2 이상의 연동선

2021년 KEC 법 개정으로 인해 접지대상에 따라 일괄 적용한 종별접지가 폐지되어 정답이 없습니다.

08

차광보안경의 주목적 3가지를 쓰시오.

① 자외선으로부터 눈 보호
② 적외선으로부터 눈 보호
③ 가시광선으로부터 눈 보호

*사용구분에 따른 차광보안경의 종류

종류	사용구분
자외선용	자외선이 발생하는 장소
적외선용	적외선이 발생하는 장소
복합용	자외선 및 적외선이 발생하는 장소
용접용	산소용접작업등과 같이 자외선, 적외선 및 강렬한 가시광선이 발생하는 장소

09

다음 보기는 「산업안전보건법」상 타워크레인의 작업 중지에 관한 내용일 때 빈칸을 채우시오.

[보기]
- 운전작업을 중지하여야 하는 순간풍속 : (①)m/s
- 설치·수리·점검 또는 해체 작업 중지하여야 하는 순간풍속 : (②)m/s

① 15 ② 10

*타워크레인·이동식크레인·리프트 등 악천후 시 조치사항

풍속	조치사항
순간 풍속 매 초당 $10m$를 초과하는 경우 (풍속 $10m/s$ 초과)	타워크레인의 설치·수리·점검 또는 해체작업을 중지
순간 풍속 매 초당 $15m$를 초과하는 경우 (풍속 $15m/s$ 초과)	타워크레인, 이동식크레인, 리프트 등의 운전작업을 중지
순간 풍속 매 초당 $30m$를 초과하는 경우 (풍속 $30m/s$ 초과)	옥외에 설치된 양중기를 사용하여 작업 하는 경우에는 미리 기계 각 부위에 이상이 있는지 점검
순간 풍속 매 초당 $35m$를 초과하는 경우 (풍속 $35m/s$ 초과)	건설 작업용 리프트 및 승강기에 대하여 받침의 수를 증가시키거나 붕괴 등을 방지하기 위한 조치

10

다음 보기는 「산업안전보건법」상 낙하물 방지망 또는 방호선반 설치 시의 준수사항에 대한 설명일 때 빈칸을 채우시오.

```
[보기]
- 설치 높이 ( ① )m 이내마다 설치하고, 내민 길이는 벽
  면으로부터 ( ② )m 이상으로 할 것
- 수평면과의 각도는 ( ③ ) 이상 ( ④ ) 이하를 유지할
  것
```

① 10   ② 2   ③ 20°   ④ 30°

11

「산업안전보건법」상 가스폭발 위험장소 또는 분진 폭발 위험장소에 설치되는 건축물 등에 대해 해당하는 부분을 내화구조로 하여야 하며, 그 성능이 항상 유지될 수 있도록 점검 및 보수 등 적절한 조치를 해야할 때 해당되는 부분 2가지를 쓰시오.

① 건축물의 기둥 및 보
 : 지상 1층(지상 1층의 높이가 6m를 초과하는 경우에는 6m)까지

② 위험물 저장·취급용기의 지지대
 (높이가 30cm 이하인 것은 제외)
 : 지상으로부터 지지대의 끝부분까지

③ 배관·전선관 등의 지지대
 : 지상으로부터 1단(1단의 높이가 6m를 초과하는 경우에는 6m)까지

12

감응식 방호장치를 설치한 프레스에서 광선을 차단한 후 $200ms$ 후에 슬라이드가 정지할 때 방호장치의 안전거리는 최소 몇 mm 이상이어야 하는가?

$D = 1.6\,T_m = 1.6 \times 200 = 320mm$

*안전거리 $[D]$

$D = 1.6\,T_m$

$T_m = \left(\dfrac{1}{\text{클러치개수}} + \dfrac{1}{2}\right) \times \left(\dfrac{60000}{\text{매분행정수}}\right)$

$\begin{cases} D : \text{안전거리}\,[mm] \\ T_m : \text{총소요시간}\,[ms] \end{cases}$

13

A 사업장의 연평균 근로자수는 1500명이며 연간 재해건수가 60건 발생하며 이 중 사망이 3건, 근로손실일수가 1500시간 일 때 연천인율을 구하시오.

$\text{연천인율} = \dfrac{\text{재해자수}}{\text{연평균 근로자수}} \times 10^3 = \dfrac{60}{1500} \times 10^3 = 40$

14

다음 FT도에서 컷셋(Cut Set)을 모두 구하시오.

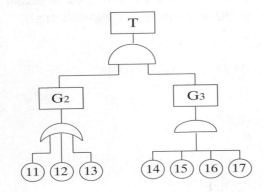

$G_1 = G_2 \cdot G_3$

$= \begin{pmatrix} ⑪ \\ ⑫ \\ ⑬ \end{pmatrix} (⑭ ⑮ ⑯ ⑰)$

$= (⑪ ⑭ ⑮ ⑯ ⑰), \ (⑫ ⑭ ⑮ ⑯ ⑰), \ (⑬ ⑭ ⑮ ⑯ ⑰)$

Memo

01

「산업안전보건법」상 관리감독자 정기교육의 내용 4가지를 쓰시오.

① 산업안전 및 사고 예방에 관한 사항
② 산업보건 및 직업병 예방에 관한 사항
③ 산업안전보건법령 및 산업재해보상보험 제도에 관한 사항
④ 직무스트레스 예방 및 관리에 관한 사항
⑤ 직장 내 괴롭힘, 고객의 폭언 등으로 인한 건강장해 예방 및 관리에 관한 사항

*교육 구분

구분	내용
채용 시 교육 및 작업내용 변경 시 교육	① 산업안전 및 사고 예방에 관한 사항 ② 산업보건 및 직업병 예방에 관한 사항 ③ 위험성 평가에 관한 사항 ④ 산업안전보건법령 및 산업재해보상보험 제도에 관한 사항 ⑤ 직무스트레스 예방 및 관리에 관한 사항 ⑥ 직장 내 괴롭힘, 고객의 폭언 등으로 인한 건강장해 예방 및 관리에 관한 사항 ⑦ 기계·기구의 위험성과 작업의 순서 및 동선에 관한 사항 ⑧ 작업 개시 전 점검에 관한 사항 ⑨ 정리정돈 및 청소에 관한 사항 ⑩ 사고 발생 시 긴급조치에 관한 사항 ⑪ 물질안전보건자료에 관한 사항
근로자 정기교육	① 산업안전 및 사고 예방에 관한 사항 ② 산업보건 및 직업병 예방에 관한 사항 ③ 위험성 평가에 관한 사항 ④ 건강증진 및 질병 예방에 관한 사항 ⑤ 유해·위험 작업환경 관리에 관한 사항 ⑥ 산업안전보건법령 및 산업재해보상보험 제도에 관한 사항 ⑦ 직무스트레스 예방 및 관리에 관한 사항 ⑧ 직장 내 괴롭힘, 고객의 폭언 등으로 인한 건강장해 예방 및 관리에 관한 사항
관리감독자 정기교육	① 산업안전 및 사고 예방에 관한 사항 ② 산업보건 및 직업병 예방에 관한 사항 ③ 위험성평가에 관한 사항 ④ 유해·위험 작업환경 관리에 관한 사항 ⑤ 산업안전보건법령 및 산업재해보상보험 제도에 관한 사항 ⑥ 직무스트레스 예방 및 관리에 관한 사항 ⑦ 직장 내 괴롭힘, 고객의 폭언 등으로 인한 건강장해 예방 및 관리에 관한 사항 ⑧ 작업공정의 유해·위험과 재해 예방 대책에 관한 사항 ⑨ 사업장 내 안전보건관리체제 및 안전·보건조치 현황에 관한 사항 ⑩ 표준안전 작업방법 및 지도 요령에 관한 사항 ⑪ 안전보건교육 능력 배양에 관한 사항 ⑫ 비상시 또는 재해 발생시 긴급조치에 관한 사항 ⑬ 관리감독자의 역할과 임무에 관한 사항

02

「산업안전보건법」상 화학설비 또는 그 부속설비의 용도를 변경하는 경우(사용하는 원재료의 종류를 변경하는 경우를 포함) 해당설비의 점검사항 3가지를 쓰시오.

① 그 설비 내부에 폭발이나 화재의 우려가 있는 물질이 있는지 여부
② 안전밸브·긴급차단장치 및 그 밖의 방호장치 기능의 이상 유무
③ 냉각장치·가열장치·교반장치·압축장치·계측장치 및 제어장치 기능의 이상 유무

03

다음 보기는 「산업안전보건법」상 연삭숫돌에 관한 내용일 때 빈칸을 채우시오.

[보기]
사업주는 연삭숫돌을 사용하는 작업의 경우 작업을 시작하기 전에는 (①)분 이상, 연삭숫돌을 교체한 후에는 (②)분 이상 시험운전을 하고 해당 기계에 이상이 있는지 확인할 것

① 1   ② 3

04

「산업안전보건법」상 건축 등의 해체 작업시 작성 하여야 하는 작업계획서의 포함사항 4가지를 쓰시오.

① 해체방법 및 해체순서 도면
② 해체물의 처분 계획
③ 해체작업용 기계·기구 등의 작업계획서
④ 해체작업용 화약류 등의 사용계획서
⑤ 사업장 내 연락방법
⑥ 가설설비·방호설비·환기설비 및 살수·방화 설비 등의 방법

05

「산업안전보건법」상 프레스 등을 사용하여 작업할 때 작업시작 전 작업자가 점검해야 할 점검사항 2가지를 쓰시오.

① 클러치 및 브레이크의 기능
② 방호장치의 기능
③ 프레스의 금형 및 고정볼트 상태
④ 전단기의 칼날 및 테이블의 상태
⑤ 1행정 1정지기구·급정지장치 및 비상정지장치의 기능
⑥ 슬라이드 또는 칼날에 의한 위험방지 기구의 기능
⑦ 크랭크축·플라이휠·슬라이드·연결봉 및 연결 나사의 풀림여부

06

보일링 현상 방지대책 3가지 쓰시오.

① 지하수위 저하
② 지하수의 흐름 막기
③ 흙막이 벽을 깊이 설치

*히빙·보일링 현상

현상	세부내용
히빙	굴착면 저면이 부풀어 오르는 현상이고, 연약한 점토지반을 굴착할 때 굴착배면의 토사중량이 굴착저면 이하의 지반지지력보다 클 때 발생한다. 방지대책) ① 흙막이벽의 근입장을 깊게 ② 흙막이벽 주변 과재하 금지 ③ 굴착저면 지반 개량 ④ Island Cut 공법 선정하여 굴착저면 하중 부여
보일링	굴착 저면과 굴착배면의 수위차로 인해 침수투압이 모래와 같이 솟아오르는 현상이고, 사질토 지반에서 주로 발생하며, 흙막이벽 하단의 지지력 감소 및 토립자 이동으로 흙막이 붕괴 및 주변지반 파괴의 원인이 된다. 방지대책) ① 흙막이벽을 깊이 설치 ② 지하수의 흐름 막기 ③ 지하수위 저하 등

07

「산업안전보건법」에 따른 감전방지용 누전차단기를 설치하는 조건 3가지를 쓰시오.

① 물 등 도전성이 높은 액체가 있는 습윤장소에 사용하는 저압용 전기기계·기구
② 대지전압이 150 V를 초과하는 이동형 또는 휴대형 전기기계·기구
③ 임시배선의 전로가 설치되는 장소에서 사용하는 이동형 또는 휴대형 전기기계·기구
④ 철판·철골 위 등 도전성이 높은 장소에서 사용하는 이동형 또는 휴대형 전기기계·기구

08

「산업안전보건법」상 방호조치를 하지 아니하고는 양도·대여·설치 또는 사용에 제공하거나, 양도·대여의 목적으로 진열해서는 안되며, 유해위험방지를 위해 방호조치가 무조건 필요한 기계·기구 4가지를 쓰시오.

① 예초기
② 원심기
③ 공기압축기
④ 포장기계(진공포장기, 랩핑기로 한정)
⑤ 금속절단기
⑥ 지게차

09

다음 보기는 「산업안전보건법」상 안전기의 설치에 관한 내용일 때 빈칸을 채우시오.

[보기]
- 사업주는 아세틸렌 용접장치의 (①) 마다 안전기를 설치하여야 한다. 다만, 주관 및 (①)에 가장 가까운 (②) 마다 안전기를 부착한 경우에는 그러하지 아니하다.
- 사업주는 가스용기가 발생기와 분리되어있는 아세틸렌 용접장치에 대하여 (③)에 안전기를 설치하여야 한다.

① 취관   ② 분기관   ③ 발생기와 가스용기 사이

10

Fool Proof 기계·기구 3가지를 쓰시오.

① 가드(Guard)
② 인터록(Interlock)
③ 트립(Trip)
④ 밀어내기(Push Pull)
⑤ 오버런(Over Run)
⑥ 기동방지

11

「산업안전보건법」상 내전압용 절연장갑의 성능기준인 표의 빈칸을 채우시오.

등급	색상	최대사용전압	
		교류(V, 실효값)	직류(V)
00	갈색	500	①
0	빨간색	②	1500
1	흰색	7500	11250
2	노란색	17000	25500
3	녹색	26500	39750
4	등색	③	④

① 750   ② 1000   ③ 36000   ④ 54000

*절연장갑의 등급 및 색상

등급	색상	최대사용전압	
		교류(V, 실효값)	직류(V)
00	갈색	500	750
0	빨간색	1000	1500
1	흰색	7500	11250
2	노란색	17000	25500
3	녹색	26500	39750
4	등색	36000	54000
비고 : 직류＝1.5×교류			

12

$20m$의 거리에서 음압수준이 $100dB$일 때 $200m$의 거리에서의 음압수준은 몇 dB인지 구하시오.

$$dB_2 = dB_1 - 20\log\frac{d_2}{d_1}$$
$$= 100 - 20\log\frac{200}{20} = 80dB$$

13

다음 FT도에서 미니멀 컷셋(Minimal Cut Set)을 구하시오.

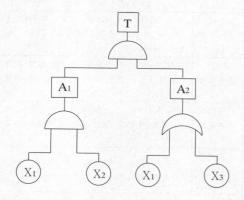

$T = A_1 \cdot A_2$
$= (X_1, X_2)\begin{pmatrix}X_1\\X_3\end{pmatrix} = (X_1, X_2, X_1), (X_1, X_2, X_3)$

컷셋 : $(X_1, X_2), (X_1, X_2, X_3)$
∴미니멀 컷셋 : (X_1, X_2)

14

A 사업장의 평균근로자수는 400명, 연간 80건의 재해 발생과 100명의 재해자 발생으로 인하여 근로 손실일수 800일이 발생하였을 때 종합재해지수(FSI)를 구하시오.
(단, 근무일수는 연간 280일, 근무시간은 1일 8시간이다.)

$$도수율 = \frac{재해건수}{연근로 총시간수}\times10^6$$
$$= \frac{80}{400\times8\times280}\times10^6 = 89.29$$
$$강도율 = \frac{근로손실일수}{연근로 총시간수}\times10^3$$
$$= \frac{800}{400\times8\times280}\times10^3 = 0.89$$
$$\therefore 종합재해지수 = \sqrt{도수율\times강도율}$$
$$= \sqrt{89.29\times0.89} = 8.91$$

01

「산업안전보건법」상 안전보건 표지 중 "응급구호표지"를 그리시오.
(단, 색상표시는 글자로 나타내시오.)

바탕 : 녹색
도형 : 흰색

02

다음 보기 중에서 인간과오 불안전 분석기능 도구 4가지를 고르시오.

> [보기]
> ① FTA ② ETA ③ HAZOP ④ THERP
> ⑤ CA ⑥ FMEA ⑦ PHA ⑧ MORT

①, ②, ④, ⑧

03

다음 보기에 해당하는 방폭구조의 기호를 쓰시오.

> [보기]
> ① 내압방폭구조 ② 충전방폭구조

① d ② q

*방폭구조의 종류와 기호

종류	내용
내압 방폭구조 (d)	용기 내 폭발 시 용기가 폭발 압력을 견디며 틈을 통해 냉각효과로 인하여 외부에 인화될 우려가 없는 구조
압력 방폭구조 (p)	용기 내에 보호가스를 압입시켜 폭발성 가스나 증기가 용기 내부에 유입되지 않도록 되어있는 구조
안전증 방폭구조 (e)	정상 운전 중에 점화원 방지를 위해 기계적, 전기적 구조상 혹은 온도 상승에 대해 안전도를 증가한 구조
유입 방폭구조 (o)	전기불꽃, 아크, 고온 발생 부분을 기름으로 채워 폭발성 가스 또는 증기에 인화되지 않도록 한 구조
본질안전 방폭구조 (ia, ib)	정상 동작 시, 사고 시(단선, 단락, 지락)에 폭발 점화원의 발생이 방지된 구조
비점화 방폭구조 (n)	정상 동작 시 주변의 폭발성 가스 또는 증기에 점화시키지 않고 점화 가능한 고장이 발생되지 않는 구조
몰드 방폭구조 (m)	전기불꽃, 고온 발생 부분은 컴파운드로 밀폐한 구조

04

「산업안전보건법」상 관리대상 유해물질을 취급하는 작업장 게시사항 5가지를 쓰시오.

① 관리대상 유해물질의 명칭
② 인체에 미치는 영향
③ 취급상 주의사항
④ 착용하여야 할 보호구
⑤ 응급조치와 긴급 방재 요령

05

「산업안전보건법」상 다음 위험기계 · 기구에 설치하여야 하는 방호장치 각각 1개씩 쓰시오.

[보기]
① 원심기   ② 공기압축기   ③ 금속절단기

① 회전체 접촉 예방장치
② 압력방출장치
③ 날 접촉 예방장치

*위험기계·기구 방호장치

기계·기구 명칭	방호장치
예초기	날접촉 예방장치
원심기	회전체 접촉 예방장치
공기압축기	압력방출장치
포장기계	구동부 방호 연동장치
금속절단기	날접촉 예방장치
지게차	헤드가드 백레스트 전조등·후미등 안전벨트

06

「산업안전보건법」상 타워크레인을 설치 · 조립 · 해체하는 작업 시 작업계획서의 내용 4가지를 쓰시오.

① 타워크레인의 종류 및 형식
② 설치·조립 및 해체순서
③ 지지방법
④ 작업도구·장비·가설설비 및 방호설비
⑤ 작업인원의 구성 및 작업근로자의 역할범위

07

「산업안전보건법」상 채용 시 교육 및 작업내용 변경 시 교육내용 4가지를 쓰시오.

① 산업안전 및 사고 예방에 관한 사항
② 산업보건 및 직업병 예방에 관한 사항
③ 산업안전보건법령 및 산업재해보상보험 제도에 관한 사항
④ 직무스트레스 예방 및 관리에 관한 사항
⑤ 직장 내 괴롭힘, 고객의 폭언 등으로 인한 건강장해 예방 및 관리에 관한 사항

*교육 구분

구분	내용
채용 시 교육 및 작업내용 변경 시 교육	① 산업안전 및 사고 예방에 관한 사항 ② 산업보건 및 직업병 예방에 관한 사항 ③ 위험성 평가에 관한 사항 ④ 산업안전보건법령 및 산업재해보상보험 제도에 관한 사항 ⑤ 직무스트레스 예방 및 관리에 관한 사항 ⑥ 직장 내 괴롭힘, 고객의 폭언 등으로 인한 건강장해 예방 및 관리에 관한 사항 ⑦ 기계·기구의 위험성과 작업의 순서 및 동선에 관한 사항 ⑧ 작업 개시 전 점검에 관한 사항 ⑨ 정리정돈 및 청소에 관한 사항 ⑩ 사고 발생 시 긴급조치에 관한 사항 ⑪ 물질안전보건자료에 관한 사항
근로자 정기교육	① 산업안전 및 사고 예방에 관한 사항 ② 산업보건 및 직업병 예방에 관한 사항 ③ 위험성 평가에 관한 사항 ④ 건강증진 및 질병 예방에 관한 사항 ⑤ 유해·위험 작업환경 관리에 관한 사항 ⑥ 산업안전보건법령 및 산업재해보상보험 제도에 관한 사항 ⑦ 직무스트레스 예방 및 관리에 관한 사항 ⑧ 직장 내 괴롭힘, 고객의 폭언 등으로 인한 건강장해 예방 및 관리에 관한 사항
관리감독자 정기교육	① 산업안전 및 사고 예방에 관한 사항 ② 산업보건 및 직업병 예방에 관한 사항 ③ 위험성평가에 관한 사항 ④ 유해·위험 작업환경 관리에 관한 사항 ⑤ 산업안전보건법령 및 산업재해보상보험 제도에 관한 사항 ⑥ 직무스트레스 예방 및 관리에 관한 사항 ⑦ 직장 내 괴롭힘, 고객의 폭언 등으로 인한 건강장해 예방 및 관리에 관한 사항 ⑧ 작업공정의 유해·위험과 재해 예방 대책에 관한 사항 ⑨ 사업장 내 안전보건관리체제 및 안전·보건조치 현황에 관한 사항 ⑩ 표준안전 작업방법 및 지도 요령에 관한 사항 ⑪ 안전보건교육 능력 배양에 관한 사항 ⑫ 비상시 또는 재해 발생시 긴급조치에 관한 사항 ⑬ 관리감독자의 역할과 임무에 관한 사항

08

정전기 재해의 방지대책 3가지를 쓰시오.

① 가습
② 도전성 재료 사용
③ 대전 방지제 사용
④ 제전기 사용
⑤ 접지

09

「산업안전보건법」상 작업발판 일체형 거푸집 종류 4가지를 쓰시오.

① 갱폼
② 슬립폼
③ 클라이밍폼
④ 터널라이닝폼

10

「산업안전보건법」에 따라 이상 화학반응 밸브의 막힘 등 이상상태로 인한 압력상승으로 당해설비의 최고 사용압력을 구조적으로 초과할 우려가 있는 화학설비 및 그 부속 설비에 안전밸브 또는 파열판을 설치하여야 할 때 반드시 파열판을 설치해야 하는 경우 2가지를 쓰시오.

① 반응 폭주 등 급격한 압력 상승 우려가 있는 경우
② 급성 독성물질의 누출로 인하여 주위의 작업환경을 오염시킬 우려가 있는 경우
③ 운전 중 안전밸브에 이상 물질이 누적되어 안전밸브가 작동되지 아니할 우려가 있는 경우

11

다음 보기의 빈칸을 채우시오.

[보기]
사업주는 아세틸렌 용접장치를 사용하여 금속의 용접, 융단 또는 가열작업을 하는 경우에 다음 각 호의 사항을 준수하여야 한다.

- 발생기의 (①), (②), (③), 매시 평균 가스발생량 및 1회 카바이드 공급량을 발생기실 내의 보기 쉬운 장소에 게시할 것
- 발생기실에는 관계 근로자가 아닌 사람이 출입하는 것을 금지할 것
- 발생기에서 (④) 이내 또는 발생기살에서 (⑤) 이내의 장소에서는 흡연, 화기의 사용 또는 불꽃이 발생할 위험한 행위를 금지시킬 것

① 종류
② 형식
③ 제작업체명
④ 5m
⑤ 3m

12

다음 FT도에서 컷셋(Cut Set)을 모두 구하시오.

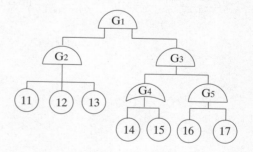

$G_3 = G_4 \cdot G_5$
$= \begin{pmatrix} ⑭ \\ ⑮ \end{pmatrix} (⑯ ⑰) = (⑭ ⑯ ⑰), (⑮ ⑯ ⑰)$

$\therefore G_1 = G_2 \cdot G_3$
$= (⑪ ⑫ ⑬) [(⑭ ⑯ ⑰), (⑮ ⑯ ⑰)]$
$= (⑪ ⑫ ⑬ ⑭ ⑯ ⑰), (⑪ ⑫ ⑬ ⑮ ⑯ ⑰)$

13

A 사업장의 연간 재해자수 30명, 총근로 손실일수 100일 근로자 400명일 때 강도율을 구하시오.
(단, 1일 작업시간 8시간, 연근로일수 250일 이다.)

$$강도율 = \frac{근로손실일수}{연근로\ 총시간수} \times 10^3$$
$$= \frac{100}{400 \times 8 \times 250} \times 10^3 = 0.13$$

14

A 사업장의 재해건수 3건, 근로자 500명, 1인당 연근로 총시간수 3000시간일 때 도수율을 구하시오.

$$도수율 = \frac{재해건수}{연근로\ 총시간수} \times 10^6 = \frac{3}{500 \times 3000} \times 10^6 = 2$$

01

「산업안전보건법」상 채용 시 교육 및 작업내용 변경 시 교육내용 4가지를 쓰시오.

① 산업안전 및 사고 예방에 관한 사항
② 산업보건 및 직업병 예방에 관한 사항
③ 산업안전보건법령 및 산업재해보상보험 제도에 관한 사항
④ 직무스트레스 예방 및 관리에 관한 사항
⑤ 직장 내 괴롭힘, 고객의 폭언 등으로 인한 건강장해 예방 및 관리에 관한 사항

*교육 구분

구분	내용
채용 시 교육 및 작업내용 변경 시 교육	① 산업안전 및 사고 예방에 관한 사항 ② 산업보건 및 직업병 예방에 관한 사항 ③ 위험성 평가에 관한 사항 ④ 산업안전보건법령 및 산업재해보상보험 제도에 관한 사항 ⑤ 직무스트레스 예방 및 관리에 관한 사항 ⑥ 직장 내 괴롭힘, 고객의 폭언 등으로 인한 건강장해 예방 및 관리에 관한 사항 ⑦ 기계·기구의 위험성과 작업의 순서 및 동선에 관한 사항 ⑧ 작업 개시 전 점검에 관한 사항 ⑨ 정리정돈 및 청소에 관한 사항 ⑩ 사고 발생 시 긴급조치에 관한 사항 ⑪ 물질안전보건자료에 관한 사항
근로자 정기교육	① 산업안전 및 사고 예방에 관한 사항 ② 산업보건 및 직업병 예방에 관한 사항 ③ 위험성 평가에 관한 사항 ④ 건강증진 및 질병 예방에 관한 사항 ⑤ 유해·위험 작업환경 관리에 관한 사항 ⑥ 산업안전보건법령 및 산업재해보상보험 제도에 관한 사항 ⑦ 직무스트레스 예방 및 관리에 관한 사항 ⑧ 직장 내 괴롭힘, 고객의 폭언 등으로 인한 건강장해 예방 및 관리에 관한 사항
관리감독자 정기교육	① 산업안전 및 사고 예방에 관한 사항 ② 산업보건 및 직업병 예방에 관한 사항 ③ 위험성평가에 관한 사항 ④ 유해·위험 작업환경 관리에 관한 사항 ⑤ 산업안전보건법령 및 산업재해보상보험 제도에 관한 사항 ⑥ 직무스트레스 예방 및 관리에 관한 사항 ⑦ 직장 내 괴롭힘, 고객의 폭언 등으로 인한 건강장해 예방 및 관리에 관한 사항 ⑧ 작업공정의 유해·위험과 재해 예방대책에 관한 사항 ⑨ 사업장 내 안전보건관리체제 및 안전·보건조치 현황에 관한 사항 ⑩ 표준안전 작업방법 및 지도 요령에 관한 사항 ⑪ 안전보건교육 능력 배양에 관한 사항 ⑫ 비상시 또는 재해 발생시 긴급조치에 관한 사항 ⑬ 관리감독자의 역할과 임무에 관한 사항

02

「산업안전보건법」상 롤러기 방호장치인 급정지 장치에 대한 빈칸을 채우시오.

종류	위치
손조작식	밑면에서 (①)
복부조작식	밑면에서 (②)
무릎조작식	밑면에서 (③)

① 1.8m 이내
② 0.8m 이상 1.1m 이내
③ 0.4m 이상 0.6m 이내

*급정지장치

종류	위치
손조작식	밑면에서 1.8m 이내
복부조작식	밑면에서 0.8m 이상 1.1m 이내
무릎조작식	밑면에서 0.4m 이상 0.6m 이내

03

근로자 300명 중 사망 2명, 4급 요양재해 1명, 10급 요양재해 1명, 요양재해 휴업일 300일일 때 강도율을 구하시오.
(단, 1일 작업시간 8시간, 연근로일수 300일 이다.)

$$강도율 = \frac{근로손실일수}{연근로 \ 총시간수} \times 10^3$$

$$= \frac{7500 \times 2 + 5500 + 600 + 300 \times \frac{300}{365}}{300 \times 8 \times 300} \times 10^3 = 29.65$$

*요양근로손실일수 산정요령

신체장해자등급	근로손실일수
사망, 1, 2, 3급	7500일
4급	5500일
5급	4000일
6급	3000일
7급	2200일
8급	1500일
9급	1000일
10급	600일
11급	400일
12급	200일
13급	100일
14급	50일

04

다음 보기는 「산업안전보건법」상 가설통로 설치기준에 관한 내용일 때 빈칸을 채우시오.

[보기]
- 경사가 (①)도를 초과하는 경우에는 미끄러지지 아니하는 구조로 할 것
- 수직갱에 가설된 통로의 길이가 15m 이상인 경우에는 (②)m 이내마다 계단참을 설치
- 건설공사에 사용하는 높이 8m 이상인 비계다리에는 (③)m 이내마다 계단참을 설치

① 15 ② 10 ③ 7

*가설통로의 설치기준
① 견고한 구조로 할 것
② 경사는 30도 이하로 할 것.
③ 경사가 15도를 초과하는 경우에는 미끄러지지 아니하는 구조로 할 것
④ 추락할 위험이 있는 장소에는 안전난간을 설치할 것.
⑤ 수직갱에 가설된 통로의 길이가 15m 이상인 경우에는 10m 이내마다 계단참을 설치할 것
⑥ 건설공사에 사용하는 높이 8m 이상인 비계다리에는 7m 이내마다 계단참을 설치할 것

05

「산업안전보건법」에 따른 보호구 안전인증 고시에서 방진마스크의 시험성능기준 4가지를 쓰시오.

① 시야
② 불연성
③ 안면부 배기저항
④ 안면부 흡기저항
⑤ 안면부 누설율
⑥ 여과재 질량
⑦ 여과재 호흡저항
⑧ 여과재 분진 등 포집효율
⑨ 강도·신장율 및 영구변형율
⑩ 음성전달판
⑪ 투시부의 내충격성
⑫ 안면부 내부의 이산화탄소 농도
⑬ 배기밸브 작동

06

「산업안전보건법」에 따른 국소배기장치의 후드 설치 시 준수사항 4가지를 쓰시오.

① 유해물질이 발생하는 곳마다 설치할 것
② 외부식 또는 리시버식 후드는 해당 분진등의 발산원에 가장 가까운 위치에 설치할 것
③ 후드의 형식은 가능하면 포위식 또는 부스식 후드를 설치할 것
④ 유해인자의 발생형태와 비중, 작업방법 등을 고려하여 해당 분진 등의 발산원을 제어할 수 있는 구조로 설치할 것

07

「산업안전보건법」에 따른 공정안전보고서 포함사항 4가지를 쓰시오.

① 공정안전자료
② 공정위험성 평가서

③ 안전운전계획
④ 비상조치계획

08

다음 보기의 FTA단계를 순서대로 나열하시오.

```
                    [보기]
① FT도 작성
② 재해원인 규명
③ 개선계획 작성
④ TOP 사상 정의
⑤ 개선안 실시계획
```

④ → ② → ① → ③ → ⑤

*FTA의 절차
1단계 : TOP 사상을 정의
2단계 : 사상의 재해 원인 규명
3단계 : FT도 작성
4단계 : 개선계획 작성
5단계 : 개선안 실시계획

09

「산업안전보건법」상 작업장의 조도기준에 대한 빈칸을 채우시오.

작업	조도
초정밀작업	(①) Lux 이상
정밀작업	(②) Lux 이상
보통작업	(③) Lux 이상
그 외 작업	(④) Lux 이상

① 750
② 300
③ 150
④ 75

10

「산업안전보건법」상 노사협의체 설치 대상기업 및 정기회의 개최주기를 각각 쓰시오.

① 노사협의체 설치대상기업
: 공사금액이 120억(토목공사업은 150억) 이상인 건설공사

② 정기회의 개최주기
: 2개월 마다

11

연삭숫돌 파괴 원인 4가지를 쓰시오.

① 회전속도가 빠를 때
② 균열이 있을 때
③ 숫돌의 측면을 사용하여 작업할 때
④ 작업 방법이 불량할 때
⑤ 부적합한 연삭 숫돌 사용할 때
⑥ 플랜지 지름이 숫돌 지름의 1/3 이하일 때
⑦ 과도한 충격이 가해질 때
⑧ 회전력이 결합력보다 클 때

12

「산업안전보건법」상 사업주는 공사용 가설도로를 설치하는 경우 준수사항 3가지를 쓰시오.

① 도로는 장비와 차량이 안전하게 운행할 수 있도록 견고하게 설치할 것
② 도로와 작업장이 접하여 있을 경우에는 울타리 등을 설치할 것
③ 도로는 배수를 위하여 경사지게 설치하거나 배수 시설을 설치할 것
④ 차량의 속도제한 표지를 부착할 것

13

다음 각각 이론의 5단계를 쓰시오.

(1) 하인리히 도미노 이론
(2) 아담스의 연쇄 이론

(1) 하인리히 도미노 이론
① 사회적 환경과 유전적인 요소
② 개인적 결함
③ 불안전한 행동 및 상태
④ 사고
⑤ 재해(상해)

(2) 아담스의 연쇄 이론
① 관리적 결함(관리 구조)
② 작전적 에러
③ 전술적 에러
④ 사고
⑤ 재해(상해)

*재해발생 이론

재해발생 이론	단계	단계별 내용
하인리히 도미노 이론	1단계	사회적 환경과 유전적인 요소
	2단계	개인적 결함
	3단계	불안전한 행동 및 불안전한 상태
	4단계	사고
	5단계	재해(상해)
버드 신 도미노 이론	1단계	관리(통제)의 부족
	2단계	기본원인
	3단계	직접원인
	4단계	사고
	5단계	재해(상해)
아담스 연쇄 이론	1단계	관리적 결함(관리 구조)
	2단계	작전적 에러
	3단계	전술적 에러
	4단계	사고
	5단계	재해(상해)
웨버 사고 연쇄반응 이론	1단계	유전과 환경
	2단계	개인적 결함
	3단계	불안전한 행동 및 불안전한 상태
	4단계	사고
	5단계	재해(상해)

14

전압이 $300V$인 충전부분에 작업자의 물에 젖은 손이 접촉되어 감전 후 사망하였을 때 다음을 구하시오.
(단, 인체의 저항 $1000\,\Omega$ 이다.)

(1) 심실세동전류$[mA]$
(2) 통전시간$[ms]$

(1) $R = 1000 \times \dfrac{1}{25} = 40\,\Omega$

$\left(\text{손이 물에 젖으면 } \dfrac{1}{25} \text{ 감소}\right)$

$V = IR$에서,

$\therefore I = \dfrac{V}{R} = \dfrac{300}{40} = 7.5A = 7500mA$

(2) $I = \dfrac{165}{\sqrt{T}}[mA] \Rightarrow \sqrt{T} = \dfrac{165}{I}$

$\therefore T = \dfrac{165^2}{I^2} = \dfrac{165^2}{7500^2} = 0.00048s = 0.48ms$

*인체의 전기저항

경우	기준
습기가 있는 경우	건조 시 보다 $\dfrac{1}{10}$ 저하
땀에 젖은 경우	건조 시 보다 $\dfrac{1}{12} \sim \dfrac{1}{20}$ 저하
물에 젖은 경우	건조 시 보다 $\dfrac{1}{25}$ 저하

Memo

01

다음 보기는 「산업안전보건법」상 연삭기 덮개의 시험 방법 중 연삭기 작동시험 확인사항으로 다음 빈칸을 채우시오.

[보기]
- 연삭 (①)과 덮개의 접촉 여부
- 탁상용연삭기는 덮개, (②) 및 (③) 부착 상태의 적합성 여부

① 숫돌 ② 워크레스트 ③ 조정편

02

「산업안전보건법」상 관리감독자 정기교육의 내용 4가지를 쓰시오.

① 산업안전 및 사고 예방에 관한 사항
② 산업보건 및 직업병 예방에 관한 사항
③ 산업안전보건법령 및 산업재해보상보험 제도에 관한 사항
④ 직무스트레스 예방 및 관리에 관한 사항
⑤ 직장 내 괴롭힘, 고객의 폭언 등으로 인한 건강장해 예방 및 관리에 관한 사항

*교육 구분

구분	내용
채용 시 교육 및 작업내용 변경 시 교육	① 산업안전 및 사고 예방에 관한 사항 ② 산업보건 및 직업병 예방에 관한 사항 ③ 위험성 평가에 관한 사항 ④ 산업안전보건법령 및 산업재해보상보험 제도에 관한 사항 ⑤ 직무스트레스 예방 및 관리에 관한 사항 ⑥ 직장 내 괴롭힘, 고객의 폭언 등으로 인한 건강장해 예방 및 관리에 관한 사항 ⑦ 기계·기구의 위험성과 작업의 순서 및 동선에 관한 사항 ⑧ 작업 개시 전 점검에 관한 사항 ⑨ 정리정돈 및 청소에 관한 사항 ⑩ 사고 발생 시 긴급조치에 관한 사항 ⑪ 물질안전보건자료에 관한 사항
근로자 정기교육	① 산업안전 및 사고 예방에 관한 사항 ② 산업보건 및 직업병 예방에 관한 사항 ③ 위험성 평가에 관한 사항 ④ 건강증진 및 질병 예방에 관한 사항 ⑤ 유해·위험 작업환경 관리에 관한 사항 ⑥ 산업안전보건법령 및 산업재해보상보험 제도에 관한 사항 ⑦ 직무스트레스 예방 및 관리에 관한 사항 ⑧ 직장 내 괴롭힘, 고객의 폭언 등으로 인한 건강장해 예방 및 관리에 관한 사항
관리감독자 정기교육	① 산업안전 및 사고 예방에 관한 사항 ② 산업보건 및 직업병 예방에 관한 사항 ③ 위험성평가에 관한 사항 ④ 유해·위험 작업환경 관리에 관한 사항 ⑤ 산업안전보건법령 및 산업재해보상보험 제도에 관한 사항 ⑥ 직무스트레스 예방 및 관리에 관한 사항 ⑦ 직장 내 괴롭힘, 고객의 폭언 등으로 인한 건강장해 예방 및 관리에 관한 사항 ⑧ 작업공정의 유해·위험과 재해 예방대책에 관한 사항 ⑨ 사업장 내 안전보건관리체제 및 안전·보건조치 현황에 관한 사항 ⑩ 표준안전 작업방법 및 지도 요령에 관한 사항 ⑪ 안전보건교육 능력 배양에 관한 사항 ⑫ 비상시 또는 재해 발생시 긴급조치에 관한 사항 ⑬ 관리감독자의 역할과 임무에 관한 사항

03

하인리히 재해 구성비율 $1 : 29 : 300$ **법칙의 의미에** 대하여 설명하시오.

① 중상 또는 사망 : 1건
② 경상 : 29건
③ 무상해 사고 : 300건

04

「산업안전보건법」상 사업주가 근로자의 위험을 방지하기 위하여 차량계 하역운반기계 등을 사용하는 작업 시 작성하고 그에 따라 작업을 하도록 하여야 하는 작업계획서의 내용 2가지를 쓰시오.

① 해당 작업에 따른 추락·낙하·전도·협착 및 붕괴 등의 위험 예방대책
② 차량계 하역운반기계 등의 운행경로 및 작업방법

05

「산업안전보건법」상 경고표지 중 "위험장소 경고표지"를 그리시오.
(단, 색상표시는 글자로 나타내시오.)

바탕 : 노란색
도형 및 테두리 : 검정색

06

다음 보기는 「산업안전보건법」에 따른 비계 (달비계·달대비계 및 말비계는 제외)의 높이가 $2m$ 이상인 작업장소에 설치 해야하는 작업발판의 구조에 대한 내용일 때 빈칸을 채우시오.

[보기]
- 작업발판의 폭은 (①)cm 이상으로 하고, 발판재료 간의 틈은 (②)cm 이하로 할 것. 다만, 외줄비계의 경우에는 고용노동부장관이 별도로 정하는 기준에 따른다.
- 추락의 위험이 있는 장소에는 (③)을 설치할 것

① 40 ② 3 ③ 안전난간

*작업발판의 구조
① 발판재료는 작업할 때의 하중을 견딜 수 있도록 견고한 것으로 할 것
② 작업발판의 폭은 40cm 이상으로 하고, 발판재료 간의 틈은 3cm 이하로 할 것. 다만, 외줄비계의 경우에는 고용노동부장관이 별도로 정하는 기준에 따른다.
③ ②에도 불구하고 선박 및 보트 건조작업의 경우 선박블록 또는 엔진실 등의 좁은 작업공간에 작업발판을 설치하기 위하여 필요하면 작업발판의 폭을 30cm 이상으로 할 수 있고, 걸침비계의 경우 강관기둥 때문에 발판재료 간의 틈을 3cm 이하로 유지하기 곤란하면 5cm 이하로 할 수 있다. 이 경우 그 틈 사이로 물체 등이 떨어질 우려가 있는 곳에는 출입금지 등의 조치를 하여야 한다.
④ 추락의 위험이 있는 장소에는 안전난간을 설치할 것. 다만, 작업의 성질상 안전난간을 설치하는 것이 곤란한 경우, 작업의 필요상 임시로 안전난간을 해체할 때에 추락방호망을 설치하거나 근로자로 하여금 안전대를 사용하도록 하는 등 추락위험 방지 조치를 한 경우에는 그러하지 아니하다.
⑤ 작업발판의 지지물은 하중에 의하여 파괴될 우려가 없는 것을 사용할 것
⑥ 작업발판재료는 뒤집히거나 떨어지지 않도록 둘 이상의 지지물에 연결하거나 고정시킬 것
⑦ 작업발판을 작업에 따라 이동시킬 경우에는 위험 방지에 필요한 조치를 할 것

07

「산업안전보건법」상 크레인 작업시작 전 점검사항 2가지 쓰시오.

① 권과방지장치·브레이크·클러치 및 운전장치의 기능
② 주행로의 상측 및 트롤 리가 횡행하는 레일의 상태
③ 와이어로프가 통하고 있는 곳의 상태

*크레인·이동식크레인 작업시작 전 점검사항

종류	작업시작 전 점검사항
크레인	① 권과방지장치·브레이크·클러치 및 운전장치의 기능 ② 주행로의 상측 및 트롤 리가 횡행하는 레일의 상태 ③ 와이어로프가 통하고 있는 곳의 상태
이동식크레인	① 권과방지장치나 그 밖의 경보장치의 기능 ② 브레이크·클러치 및 조정장치의 기능 ③ 와이어로프가 통하고 있는 곳 및 작업장소의 지반상태

08

양립성 3가지를 쓰고 사례를 들어 설명하시오.

① 공간 양립성
: 오른쪽 버튼을 누르면 오른쪽 기계가 작동한다.

② 운동 양립성
: 조작장치를 시계방향으로 회전하면 기계가 오른쪽으로 이동한다.

③ 개념 양립성
: 붉은색 손잡이는 온수, 푸른색 손잡이는 냉수이다.

*양립성
: 자극−반응 조합의 관계에서 인간의 기대와 모순되지 않는 성질

종류	정의 및 예시
운동 양립성	조작장치 방향과 기계의 움직이는 방향이 일치 ex) 조작장치를 시계방향으로 회전하면 기계가 오른쪽으로 이동한다.
공간 양립성	공간적 배치가 인간의 기대와 일치 ex) 오른쪽 버튼 누르면 오른쪽 기계가 작동한다.
개념 양립성	인간이 가지고 있는 개념적 연상과 일치 ex) 붉은색 손잡이는 온수, 푸른색 손잡이는 냉수이다.
양식 양립성	직무에 알맞은 자극과 응답양식의 존재 ex) 기계가 특정 음성에 대해 정해진 반응을 하는 것.

09

「산업안전보건법」상 다음 보기는 지게차의 헤드가드가 갖추어야할 사항에 대한 설명일 때 빈칸을 채우시오.

[보기]
- 강도는 지게차의 최대하중의 (①)배 값의 등분포정하중에 견딜 수 있을 것
- 상부틀의 각 개구의 폭 또는 길이가 (②)cm 미만일 것

① 2   ② 16

*지게차의 헤드가드가 갖추어야할 사항
① 강도는 지게차의 최대하중의 2배 값(4톤을 넘는 값에 대해서는 4톤으로 한다.)의 등분포정하중에 견딜 수 있을 것
② 상부틀의 각 개구의 폭 또는 길이가 16cm 미만일 것
③ 운전자가 앉아서 조작하거나 서서 조작하는 지게차의 헤드가드는 한국산업표준에서 정하는 높이 기준 이상일 것 (입식 : $1.88m$, 좌식 : $0.903m$)

10

「산업안전보건법」상 충전전로에 대한 접근 한계거리를 쓰시오.

충전전로의 선간전압	충전전로에 대한 접근 한계거리
380 V	(①)
1.5k V	(②)
6.6k V	(③)
22.9k V	(④)

① 30cm

② 45cm

③ 60cm

④ 90cm

*충전전로 한계거리

충전전로의 선간전압 [단위 : kV]	충전전로에 대한 접근한계거리 [단위 : cm]
0.3 이하	접촉금지
0.3 초과 0.75 이하	30
0.75 초과 2 이하	45
2 초과 15 이하	60
15 초과 37 이하	90
37 초과 88 이하	110
88 초과 121 이하	130

11

다음 표는 아세틸렌과 클로로벤젠의 폭발하한계 및 폭발상한계에 대한 표이며, 혼합가스의 조성이 아세틸렌 70%, 클로로벤젠 30%일 때 다음을 구하시오.

가스	폭발하한계	폭발상한계
아세틸렌	2.5vol%	81vol%
클로로벤젠	1.3vol%	7.1vol%

(1) 아세틸렌 위험도

(2) 혼합가스의 공기 중 폭발 하한계[$vol\%$]

(1) 위험도 $= \dfrac{U-L}{L} = \dfrac{81-2.5}{2.5} = 31.4$

(2) $L = \dfrac{100(=V_1+V_2+\cdots+V_n)}{\dfrac{V_1}{L_1}+\dfrac{V_2}{L_2}+\cdots+\dfrac{V_n}{L_n}}$

$= \dfrac{100}{\dfrac{70}{2.5}+\dfrac{30}{1.3}} = 1.96 vol\%$

12

A 사업장의 연평균 근로자수는 400명이며 연간재해자 수가 8명 발생할 때 연천인율을 구하시오.

연천인율 $= \dfrac{재해자수}{연평균\ 근로자수} \times 10^3 = \dfrac{8}{400} \times 10^3 = 20$

13

다음 보기의 건설업 산업안전보건관리비를 계산하시오.

> **[보기]**
> ① 일반건설공사(갑)
> - 법적 요율 : 1.86%
> - 기초액 : 5,349,000원
> ② 낙찰률 70%
> -사급재료비 25억
> -관급재료비 3억
> -직접노무비 10억
> -관리비(간접비포함) 10억

산업안전보건관리비$_1$
= (관급재료비+사급재료비+직접노무비)×요율
　+기초액
= $(3+25+10)\times100,000,000\times0.0186+5,349,000$
= 76,029,000원

산업안전보건관리비$_2$
= [(사급재료비+직접노무비)×요율+기초액]×1.2
= $[(25+10)\times100,000,000\times0.0186+5,349,000]\times1.2$
= 84,538,800원

최종적으로, 둘 중 작은 값을 선정한다.
∴76,029,000원

*산업안전보건관리비 공사 종류별 계상기준

구분 종류	5억원 미만	5억원 이상 50억원 미만		50억원 이상
		비율	기초액	
일반 건설 공사 (갑)	2.93%	1.86%	5349000원	1.97%
일반 건설 공사 (을)	3.09%	1.99%	5499000원	2.10%
중 건설 공사	3.43%	2.35%	5400000원	2.44%
철도·궤 도신설 공사	2.45%	1.57%	4411000원	1.66%
특수 및 기타건설 공사	1.85%	1.20%	3250000원	1.27%

*산업안전보건관리비 계산 및 선정

산업안전보건관리비$_1$
= (관급재료비+사급재료비+직접노무비)×요율
　+기초액

산업안전보건관리비$_2$
= [(사급재료비+직접노무비)×요율+기초액]×1.2

최종적으로, 둘 중 작은 값을 산업안전보건관리비로 선정한다.

14

다음 그림을 보고 전체 신뢰도(R)를 0.85로 설계하고자 할 때 부품 R_x의 신뢰도를 구하시오.

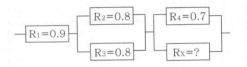

$$R = R_1\times[1-(1-R_2)(1-R_3)]\times[1-(1-R_4)(1-R_x)]$$
$$0.85 = 0.9\times[1-(1-0.8)(1-0.8)]\times[1-(1-0.7)(1-R_x)]$$
$$\frac{0.85}{0.9\times[1-(1-0.8)(1-0.8)]} = 1-(1-0.7)(1-R_x)$$
$$1-R_x = -\frac{1}{(1-0.7)}\times\left(\frac{0.85}{0.9\times[1-(1-0.8)(1-0.8)]}-1\right)$$
$$\therefore R_x = \left[\frac{1}{(1-0.7)}\times\left(\frac{0.85}{0.9\times[1-(1-0.8)(1-0.8)]}-1\right)\right]+1$$
$$= 0.95$$

01

「산업안전보건법」에 따른 건설공사 중 유해위험방지 계획서를 제출하여야 하는 대상공사 4가지를 쓰시오.

① 터널 건설 등의 공사
② 깊이 10m 이상인 굴착공사
③ 최대 지간길이가 50m 이상인 교량 건설 등 공사
④ 지상 높이가 31m 이상인 건축물 또는 인공구조물
⑤ 연면적 3만m^2 이상인 건축물

*유해위험방지계획서 제출대상 건설공사
① 지상높이가 31m 이상인 건축물 또는 인공구조물
② 연면적 3만m^2 이상인 건축물
③ 연면적 5천m^2 이상인 시설

ⓐ 문화 및 잡화시설(전시장·동물원·식물원 제외)
ⓑ 판매시설·운수시설(고속철도의 역사 및 집배송 시설 제외)
ⓒ 종교시설
ⓓ 의료시설 중 종합병원
ⓔ 숙박시설 중 관광숙박시설
ⓕ 지하도상가
ⓖ 냉동·냉장 창고시설

④ 연면적 5천m^2 이상의 냉동·냉장창고시설의 설비 공사 및 단열공사
⑤ 최대 지간길이가 50m 이상인 교량 건설 등 공사
⑥ 터널 건설 등의 공사
⑦ 다목적댐·발전용댐 및 저수용량 2천만톤 이상의 용수 전용 댐·지방상수도 전용 댐 건설 등의 공사
⑧ 깊이 10m 이상인 굴착공사

02

「산업안전보건법」에 따라 산업용 로봇의 작동범위 내에서 해당 로봇에 대하여 교시 등의 작업 시 예기치 못한 작동 또는 오조작에 의한 위험을 방지하기 위하여 수립해야 하는 지침사항 4가지를 쓰시오.
(단, 그 밖의 로봇의 예기치 못한 작동 또는 오조작에 의한 위험을 방지하기 위하여 필요한 조치는 제외하여 쓰시오.)

① 로봇의 조작방법 및 순서
② 작업 중의 매니퓰레이터의 속도
③ 2명 이상의 근로자에게 작업을 시킬 경우의 신호방법
④ 이상을 발견한 경우의 조치
⑤ 이상을 발견하여 로봇의 운전을 정지시킨 후 이를 재가동 시킬 경우의 조치

03

다음 보기는 「산업안전보건법」상 안전난간 설치기준에 대한 설명일 때 빈칸을 채우시오.

> [보기]
> - 상부난간대 : 바닥면·발판 또는 경사로의 표면으로부터 (①)cm 이상
> - 난간대 : 지름 (②)cm 이상 금속제 파이프
> - 하중 : (③)kg 이상 하중에 견딜 수 있는 튼튼한 구조

① 90 ② 2.7 ③ 100

*안전난간 설치기준
① 상부 난간대, 중간 난간대, 발끝막이판 및 난간 기둥으로 구성할 것.
② 상부 난간대는 바닥면·발판 또는 경사로의 표면으로부터 90cm 이상 지점에 설치하고, 상부 난간대를 120cm 이하에 설치하는 경우에는 중간 난간대는 상부 난간대와 바닥면등의 중간에 설치하여야 하며, 120cm 이상 지점에 설치하는 경우에는 중간 난간대를 2단 이상으로 균등하게 설치하고 난간의 상하 간격은 60cm 이하가 되도록 할 것. 다만, 계단의 개방된 측면에 설치된 난간기둥 간의 간격이 25cm 이하인 경우에는 중간 난간대를 설치하지 아니할 수 있다.
③ 발끝막이판은 바닥면등으로부터 10cm 이상의 높이를 유지할 것. 다만, 물체가 떨어지거나 날아올 위험이 없거나 그 위험을 방지할 수 있는 망을 설치하는 등 필요한 예방 조치를 한 장소는 제외한다.
④ 난간기둥은 상부 난간대와 중간 난간대를 견고하게 떠받칠 수 있도록 적정한 간격을 유지할 것
⑤ 상부 난간대와 중간 난간대는 난간 길이 전체에 걸쳐 바닥면등과 평행을 유지할 것
⑥ 난간대는 지름 2.7cm 이상의 금속제 파이프나 그 이상의 강도가 있는 재료일 것
⑦ 안전난간은 구조적으로 가장 취약한 지점에서 가장 취약한 방향으로 작용하는 100kg 이상의 하중에 견딜 수 있는 튼튼한 구조일 것

04

「산업안전보건법」상 용융고열물을 취급하는 설비를 내부에 설치한 건축물에 대하여 수증기 폭발을 방지하기 위하여 사업주의 조치사항 2가지를 쓰시오.

① 바닥은 물이 고이지 아니하는 구조로 할 것
② 지붕·벽·창 등은 빗물이 새어들지 아니하는 구조로 할 것

05

「산업안전보건법」상 다음 보기는 지게차의 헤드가드가 갖추어야할 사항에 대한 설명일 때 빈칸을 채우시오.

> [보기]
> - 강도는 지게차의 최대하중의 (①)배 값의 등분포정하중에 견딜 수 있을 것
> - 상부틀의 각 개구의 폭 또는 길이가 (②)cm 미만일 것

① 2 ② 16

*지게차의 헤드가드가 갖추어야할 사항
① 강도는 지게차의 최대하중의 2배 값(4톤을 넘는 값에 대해서는 4톤으로 한다.)의 등분포정하중에 견딜 수 있을 것
② 상부틀의 각 개구의 폭 또는 길이가 16cm 미만일 것
③ 운전자가 앉아서 조작하거나 서서 조작하는 지게차의 헤드가드는 한국산업표준에서 정하는 높이 기준 이상일 것 (입식 : 1.88m, 좌식 : 0.903m)

06

「산업안전보건법」상 누전에 의한 감전의 위험을 방지하기 위해 접지를 실시하는 코드와 플러그를 접속하여 사용하는 전기기계·기구 5가지를 쓰시오

① 휴대형 손전등
② 사용전압이 대지전압 150V를 넘는 것
③ 고정형·이동형 또는 휴대형 전동기계·기구
④ 냉장고·세탁기·컴퓨터 및 주변기기 등과 같은 고정형 전기기계·기구
⑤ 물 또는 도전성이 높은 곳에서 사용하는 전기기계·기구, 비접지형 콘센트

07

미국방성 위험성평가 중 위험도(MIL-STD-882B) 4가지를 쓰시오.

① 파국적
② 위기적(중대)
③ 한계적
④ 무시

*PHA의 식별원 4가지 카테고리
① 파국적 : 시스템 손상 및 사망
② 위기적(중대) : 시스템 중대 손상 및 작업자의 부상
③ 한계적 : 시스템 제어 가능 및 경미상해
④ 무시 : 시스템 및 인적손실 없음

08

선반 작업 중 현재 조도는 120Lux로 작업하고 있는데, 선반 작업은 정밀 작업 기준으로 조명을 설치하여야 한다. 「산업안전보건법」상 기준에 맞는 선반작업의 조도기준을 쓰시오.

300Lux 이상

*조도의 기준

작업	조도
초정밀작업	750Lux 이상
정밀작업	300Lux 이상
보통작업	150Lux 이상
그 외 작업	75Lux 이상

09

「산업안전보건법」에 따른 분리식 방진마스크의 포집효율에 대한 설명일 때 빈칸을 채우시오.

등급	염화나트륨($NaCl$) 및 파라핀 오일 시험
특급	(①) 이상
1급	(②) 이상
2급	(③) 이상

① 99.95% ② 94% ③ 80%

*방진마스크의 성능기준

	종류	등급	염화나트륨($NaCl$) 및 파라핀 오일 시험
여과재 분진 등 포집효율	분리식	특급	99.95% 이상
		1급	94% 이상
		2급	80% 이상
	안면부 여과식	특급	99% 이상
		1급	94% 이상
		2급	80% 이상

10

「산업안전보건법」상 산업안전보건위원회의 회의록 작성사항 3가지를 쓰시오.
(단, 그 밖의 토의사항은 제외)

① 개최일시 및 장소
② 출석위원
③ 심의내용 및 의결·결정사항

11

「산업안전보건법」상 사업주가 가스장치실을 설치해야 할 때 만족하여야 하는 설치기준 3가지를 쓰시오.

① 가스가 누출된 경우에는 그 가스가 정체되지 않도록 할 것
② 지붕과 천장에는 가벼운 불연성 재료를 사용할 것
③ 벽에는 불연성 재료를 사용할 것

12

「산업안전보건법」상 달비계에 사용할 수 없는 달기 체인의 기준 3가지를 쓰시오.

① 링의 단면지름 감소가 그 달기체인이 제조된 때의 당해 링의 지름의 10%를 초과한 것
② 달기체인의 길이 증가가 그 달기체인이 제조된 때의 길이 5%를 초과한 것
③ 균열이 있거나 심하게 변형된 것

13

인간 주의의 특성 3가지를 쓰시오.

① 선택성
② 변동성
③ 방향성

*인간 주의의 특성

특성	내용
선택성	여러 종류의 자극을 자각할 때 소수의 특정한 것에 한하여 선택하여 집중한다.
변동성	주의에는 주기적으로 부주의적 리듬이 존재한다.
방향성	한 곳에 주의하면 다른 곳의 주의가 약해진다.

14

A 사업장의 근무 및 재해발생현황이 다음 보기와 같을 때 이 사업장의 종합재해지수(FSI)를 구하시오.
(단, 소수 셋째자리까지 표현하시오.)

```
[보기]
① 평균근로자수 : 500명
② 연간 재해건수 : 210건
③ 근로손실일수 : 900일
④ 연간 근무시간 : 2400시간
```

$$도수율 = \frac{재해건수}{연근로\ 총시간수} \times 10^6$$
$$= \frac{210}{500 \times 2400} \times 10^6 = 175$$

$$강도율 = \frac{근로손실일수}{연근로\ 총시간수} \times 10^3$$
$$= \frac{900}{500 \times 2400} \times 10^3 = 0.75$$

$$\therefore 종합재해지수 = \sqrt{도수율 \times 강도율}$$
$$= \sqrt{175 \times 0.75} = 11.456$$

01

아래 보기는 「산업안전보건법」상 건설공사발주자의 산업재해 예방 조치에 대한 내용일 때 빈칸을 채우시오.

[보기]
- 총 공사금액이 (①) 이상인 건설공사발주자는 산업재해 예방을 위하여 건설공사의 계획, 설계 및 시공 단계에서 다음 각 호의 구분에 따른 조치를 하여야 한다.

- 1. 건설공사 기획단계 : 해당 건설공사에서 중점적으로 관리하여야 할 유해·위험요인과 이의 감소방안을 포함한 (②)을 작성할 것
- 2. 건설공사 설계단계 : 기본안전보건대장을 설계자에게 제공하고, 설계자로 하여금 유해·위험요인의 감소방안을 포함한 (③)을 작성하게 하고 이를 확인할 것
- 3. 건설공사 시공단계 : 건설공사발주자로부터 건설공사를 최초로 도급받은 수급인에게 (③)을 제공하고, 그 수급인에게 이를 반영하여 안전한 작업을 위한 (④)을 작성하게 하고 그 이행여부를 확인할 것

① 50억
② 기본안전보건대장
③ 설계안전보건대장
④ 공사안전보건대장

02

「산업안전보건법」상 차량계 하역운반기계 등을 이송하기 위하여 자주 또는 견인에 의하여 화물자동차에 싣거나 내리는 작업을 할 때 발판·성토 등을 사용하는 경우 기계의 전도 또는 전락에 의한 위험을 방지하기 위하여 준수하여야 할 사항 4가지를 쓰시오.

① 싣거나 내리는 작업은 평탄하고 견고한 장소에서 할 것
② 발판을 사용하는 경우에는 충분한 길이.폭 및 강도를 가진 것을 사용하고 적당한 경사를 유지하기 위하여 견고하게 설치할 것
③ 가설대 등을 사용하는 경우에는 충분한 폭 및 강도와 적당한 경사를 확보할 것
④ 지정운전자의 성명.연락처 등을 보기 쉬운 곳에 표시하고 지정운전자 외에는 운전하지 않도록 할 것

03

다음 보기는 「산업안전보건법」상 안전기의 설치에 관한 내용일 때 빈칸을 채우시오.

[보기]
- 사업주는 아세틸렌 용접장치의 (①) 마다 안전기를 설치하여야 한다. 다만, 주관 및 (①)에 가장 가까운 (②) 마다 안전기를 부착한 경우에는 그러하지 아니하다.
- 사업주는 가스용기가 발생기와 분리되어있는 아세틸렌 용접장치에 대하여 (③)와 가스용기 사이에 안전기를 설치하여야 한다.

① 취관 ② 분기관 ③ 발생기

04

「산업안전보건법」상 근로자가 작업이나 통행 등으로 인하여 전기기계·기구 등 또는 전류 등의 충전부분에 접촉하거나 접근함으로써 감전위험이 있는 충전부분에 대하여 감전 방지방법 5가지를 쓰시오.

① 충전부가 노출되지 않도록 폐쇄형 외함이 있는 구조로 할 것
② 충전부에 충분한 절연효과가 있는 방호망이나 절연덮개를 설치할 것
③ 충전부는 내구성이 있는 절연물로 완전히 덮어 감쌀 것
④ 전주 위 및 철탑 위 등 격리되어 있는 장소로서 관계 근로자가 아닌 사람이 접근할 우려가 없는 장소에 충전부를 설치할 것
⑤ 발전소·변전소 및 개폐소 등 구획되어 있는 장소로서 관계 근로자가 아닌 사람의 출입이 금지되는 장소에 충전부를 설치하고, 위험표시 등의 방법으로 방호를 강화할 것

*독립행동에 관한 분류

에러의 종류	내용
생략 에러 (Omission error)	필요 직무 또는 절차를 수행하지 않음
수행 에러 (Commission error)	필요 직무 또는 절차의 불확실한 수행
시간 에러 (Time error)	필요 직무 또는 절차의 수행지연
순서 에러 (Sequential error)	필요 직무 또는 절차의 순서 잘못 판단
불필요한 에러 (Extraneous error)	불필요한 직무 또는 절차를 수행

05

「산업안전보건법」상 타워크레인을 설치·조립·해체하는 작업 시 작업계획서의 내용 4가지를 쓰시오.

① 타워크레인의 종류 및 형식
② 설치·조립 및 해체순서
③ 지지방법
④ 작업도구·장비·가설설비 및 방호설비
⑤ 작업인원의 구성 및 작업근로자의 역할범위

06

Swain은 인간의 오류를 크게 작위적 오류(Commission Error)와 부작위적 오류(Omission Error)로 구분할 때 2개의 오류에 대해 설명하시오.

① 작위적 오류(Commission Error)
: 필요 직무 또는 절차의 불확실한 수행

② 부작위적 오류(Omission Error)
: 필요 직무 또는 절차를 수행하지 않음

07

「산업안전보건법」상 사다리식 통로 등을 설치하는 경우 준수사항 4가지를 쓰시오.

① 견고한 구조로 할 것
② 심한 손상·부식 등이 없는 재료를 사용할 것
③ 발판의 간격은 일정하게 할 것
④ 발판과 벽과의 사이는 15cm 이상의 간격을 유지할 것
⑤ 폭은 30cm 이상으로 할 것
⑥ 사다리가 넘어지거나 미끄러지는 것을 방지하기 위한 조치를 할 것
⑦ 사다리의 상단은 걸쳐놓은 지점으로부터 60cm 이상 올라가도록 할 것
⑧ 사다리식 통로의 길이가 10m 이상인 경우에는 5m 이내마다 계단참을 설치할 것
⑨ 사다리식 통로의 기울기는 75° 이하로 할 것 다만, 고정식 사다리식 통로의 기울기는 90° 이하로 하고, 그 높이가 7m 이상인 경우에는 바닥으로부터 높이가 2.5m 되는 지점부터 등받이울을 설치할 것
⑩ 접이식 사다리 기둥은 사용 시 접혀지거나 펼쳐지지 않도록 철물 등을 사용하여 견고하게 조치할 것

08

「산업안전보건법」상 안전인증 대상 보호구 5가지를 쓰시오.

① 안전대 ② 안전화
③ 안전장갑 ④ 방진마스크
⑤ 방독마스크 ⑥ 송기마스크

*안전인증대상 기계·기구 등

기계 · 기구 및 설비	① 프레스 ② 전단기 및 절곡기 ③ 크레인 ④ 리프트 ⑤ 압력용기 ⑥ 롤러기 ⑦ 사출성형기 ⑧ 고소 작업대 ⑨ 곤돌라
방호장치	① 프레스 및 전단기 방호장치 ② 양중기용 과부하방지장치 ③ 보일러 압력방출용 안전밸브 ④ 압력용기 압력방출용 안전밸브 ⑤ 압력용기 압력방출용 파열판 ⑥ 절연용 방호구 및 활선작업용 기구 ⑦ 방폭구조 전기기계·기구 및 부품 ⑧ 추락·낙하 및 붕괴 등의 위험방지 및 보호에 필요한 가설기자재로서 고용노동부장관이 정하여 고시하는 것
보호구	① 추락 및 감전 위험방지용 안전모 ② 안전화 ③ 안전장갑 | ④ 방진마스크 ⑤ 방독마스크 ⑥ 송기마스크 ⑦ 전동식 호흡보호구 ⑧ 보호복 ⑨ 안전대 ⑩ 차광 및 비산물 위험방지용 보안경 ⑪ 용접용 보안면 ⑫ 방음용 귀마개 또는 귀덮개

09

「산업안전보건법」 상 방호조치를 하지 아니하고는 양도 · 대여 · 설치 또는 사용에 제공하거나, 양도 · 대여의 목적으로 진열해서는 안되며, 유해위험 방지를 위해방호조치가 무조건 필요한 기계 · 기구 4가지를 쓰시오.

① 예초기
② 원심기
③ 공기압축기
④ 포장기계(진공포장기, 랩핑기로 한정)
⑤ 금속절단기
⑥ 지게차

10

다음 보기는 인간관계 매커니즘 적응기제에 관한 정의일 때 알맞은 답을 쓰시오.

[보기]
① 자신이 억압된 것을 다른 사람의 것으로 생각한다.
② 다른 사람의 행동양식이나 태도를 주입한다.
③ 남의 행동이나 판단을 표본으로하여 따라한다.

① 투사 ② 동일화 ③ 모방

11

사망자수 2명, 재해자수 10명, 재해건수 11건, 근로시간 2400시간, 근로자수 2000명일 때 사망만인율을 구하시오.

$$사망만인율 = \frac{사망자수}{근로자수} \times 10000 = \frac{2}{2000} \times 10000 = 10$$

12

거리가 $2m$에서 조도가 $150Lux$일 때, 거리가 $3m$일 때 조도$[Lux]$를 구하시오.

$$조도_2 = 조도_1 \times \left(\frac{거리_1}{거리_2}\right)^2 = 150 \times \left(\frac{2}{3}\right)^2 = 66.67Lux$$

13

화물의 하중을 지지하는 와이어로프의 절단하중이
$2000kg$일 때 와이어로프의 허용하중$[kg]$을 구하
시오.

안전율 $= \dfrac{절단하중}{허용하중}$ 에서,

$\therefore 허용하중 = \dfrac{절단하중}{안전율} = \dfrac{2000}{5} = 400kg$

(화물의 하중을 직접 지지하는 와이어로프의 안전율 = 5)

*안전계수(안전율)

안전계수

$= \dfrac{극한강도}{최대설계응력} = \dfrac{파단하중}{안전하중} = \dfrac{파괴하중}{최대사용하중}$

$= \dfrac{인장강도}{허용응력} = \dfrac{최대응력}{허용응력} = \dfrac{파괴응력}{인장응력} = \dfrac{절단하중}{허용하중}$

*와이어로프의 안전계수

조건	안전계수
근로자가 탑승하는 운반구를 지지하는 달기와이어로프 또는 달기체인의 경우	10 이상
화물의 하중을 직접 지지하는 달기와이어로프 또는 달기체인의 경우	5 이상
혹, 샤클, 클램프, 리프팅 빔의 경우	3 이상
그 밖의 경우	4 이상

14

다음 보기는 「산업안전보건법」상 화학설비 및 시설
설치 시 유지해야 하는 안전거리 기준일 때 각
빈칸을 채우시오.

[보기]
- 단위공정시설 및 설비로부터 다른 단위공정시설 및 설비의 사이 : (①)m 이상 이격

- 플레어스택으로부터 단위공정시설 및 설비, 위험물질 저장탱크 또는 위험물질 하역설비의 사이
  : 반경 (②)m 이상 이격

- 위험물질 저장탱크로부터 단위공정시설 및 설비, 보일러 또는 가열로의 사이
  : 저장탱크 바깥(외) 면으로부터 (③)m 이상 이격

- 사무실·연구실·실험실·정비실 또는 식당으로부터 단위공정시설 및 설비, 위험물질 저장탱크, 위험물질 하역설비, 보일러 또는 가열로의 사이
  : 사무실 등 바깥(외) 면으로부터 (④)m 이상 이격

① 10 ② 20 ③ 20 ④ 20

*화학설비 안전거리

구분	안전거리
단위공정시설 및 설비로부터 다른 단위공정시설 및 설비의 사이	설비의 바깥 면으로부터 10m 이상
플레어스택으로부터 단위공정시설 및 설비, 위험물질 저장탱크 또는 위험물질 하역설비의 사이	플레어스택으로부터 반경 20m 이상, 다만, 단위공정시설 등이 불연재로 시공된 지붕 아래에 설치된 경우에는 그러하지 아니하다.
위험물질 저장탱크로부터 단위공정시설 및 설비, 보일러 또는 가열로의 사이	저장탱크의 바깥 면으로부터 20m 이상. 다만, 저장탱크의 방호벽, 원격조종 화설비 또는 살수설비를 설치한 경우에는 그러하지 아니하다.
사무실·연구실·실험실·정비실 또는 식당으로부터 단위공정시설 및 설비, 위험물질 저장탱크, 위험물질 하역설비, 보일러 또는 가열로의 사이	사무실 등의 바깥 면으로부터 20m 이상. 다만, 난방용 보일러인 경우 또는 사무실 등의 벽을 방호구조로 설치한 경우에는 그러하지 아니하다.

01

「산업안전보건법」에 따른 공정안전보고서 포함사항 4가지를 쓰시오.

① 공정안전자료
② 공정위험성 평가서
③ 안전운전계획
④ 비상조치계획

02

「산업안전보건법」상 전기 기계·기구를 설치할 때의 주의사항 3가지를 쓰시오.

① 전기 기계·기구의 충분한 전기적 용량 및 기계적 강도
② 습기·분진 등 사용 장소의 주위 환경
③ 전기적·기계적 방호수단의 적정성

03

다음 보기는 「산업안전보건법」상 사다리식 통로의 설치 기준에 관한 내용일 때 빈칸을 채우시오.

[보기]
- 사다리식 통로의 길이가 10m 이상인 경우에는 (①) 이내마다 계단참을 설치할 것
- 사다리식 통로의 기울기는 75° 이하로 할 것 다만, 고정식 사다리식 통로의 기울기는 (②) 이하로 하고, 그 높이가 7m 이상인 경우에는 바닥으로부터 높이가 (③) 되는 지점부터 등받이울을 설치할 것

① 5m ② 90° ③ 2.5m

① 견고한 구조로 할 것
② 심한 손상·부식 등이 없는 재료를 사용할 것
③ 발판의 간격은 일정하게 할 것
④ 발판과 벽과의 사이는 15cm 이상의 간격을 유지할 것
⑤ 폭은 30cm 이상으로 할 것
⑥ 사다리가 넘어지거나 미끄러지는 것을 방지하기 위한 조치를 할 것
⑦ 사다리의 상단은 걸쳐놓은 지점으로부터 60cm 이상 올라가도록 할 것
⑧ 사다리식 통로의 길이가 10m 이상인 경우에는 5m 이내마다 계단참을 설치할 것
⑨ 사다리식 통로의 기울기는 75° 이하로 할 것 다만, 고정식 사다리식 통로의 기울기는 90° 이하로 하고, 그 높이가 7m 이상인 경우에는 바닥으로부터 높이가 2.5m 되는 지점부터 등받이울을 설치할 것
⑩ 접이식 사다리 기둥은 사용 시 접혀지거나 펼쳐지지 않도록 철물 등을 사용하여 견고하게 조치할 것

04

「산업안전보건법」상 사업장에 안전보건 관리규정을 작성하려 할 때 포함사항 4가지를 쓰시오.

① 안전 및 보건에 관한 관리조직과 그 직무에 관한 사항
② 안전보건교육에 관한 사항
③ 작업장의 안전 및 보건 관리에 관한 사항
④ 사고 조사 및 대책 수립에 관한 사항

05

다음 보기는 어떠한 위험성 평가기법에 대한 설명일 때 위험성 평가기법의 명칭을 쓰시오.

> [보기]
> 어떠한 사건에 대하여 성공과 실패확률을 계산하여 정량적, 귀납적으로 시스템의 안전도를 분석하는 방법

ETA(사상수분석법)

06

다음 표는 화재의 구분일 때 빈칸을 채우시오.

등급	종류	색
A급	일반화재	①
B급	유류화재	②
C급	③	청색
D급	④	무색

① 백색
② 황색
③ 전기화재
④ 금속화재

*화재의 구분

등급	종류	색	소화방법
A급	일반화재	백색	냉각소화
B급	유류화재	황색	질식소화
C급	전기화재	청색	질식소화
D급	금속화재	무색	피복소화

07

다음을 각각 간단하게 서술하시오.

(1) Fool Proof
(2) Fail Safe

(1) 풀 프루프(Fool Proof)
인간의 실수가 발생하더라도, 기계설비가 안전하게 작동하는 것

(2) 페일 세이프(Fail Safe)
기계의 실수가 발생하더라도, 기계설비가 안전하게 작동하는 것

*페일 세이프(Fail Safe)의 기능적 분류

단계	세부내용
1단계 Fail Passive	부품이 고장나면 운행을 통상 정지
2단계 Fail Active	부품이 고장나면 기계는 경보를 울리는 가운데 짧은 시간동안 운전 가능
3단계 Fail Operational	부품에 고장이 있어서 기계는 추후의 보수가 될 때 까지 기능을 유지

08

「산업안전보건법」에 따라 비, 눈 그 밖의 악천후로 인하여 작업을 중지시킨 후 또는 비계를 조립·해체하거나 변경한 후 작업재개시 해당 작업시작 전 점검항목 4가지를 쓰시오.

① 발판 재료의 손상 여부 및 부착 또는 걸림 상태
② 해당 비계의 연결부 또는 접속부의 풀림 상태
③ 연결 재료 및 연결 철물의 손상 또는 부식 상태
④ 손잡이의 탈락 여부
⑤ 기둥의 침하, 변형, 변위 또는 흔들림 상태
⑥ 로프의 부착 상태 및 매단 장치의 흔들림 상태

09

「산업안전보건법」상 채용 시 교육내용 4가지를 쓰시오.

① 산업안전 및 사고 예방에 관한 사항
② 산업보건 및 직업병 예방에 관한 사항
③ 산업안전보건법령 및 산업재해보상보험 제도에 관한 사항
④ 직무스트레스 예방 및 관리에 관한 사항
⑤ 직장 내 괴롭힘, 고객의 폭언 등으로 인한 건강장해 예방 및 관리에 관한 사항

*교육 구분

구분	내용
채용 시 교육 및 작업내용 변경 시 교육	① 산업안전 및 사고 예방에 관한 사항 ② 산업보건 및 직업병 예방에 관한 사항 ③ 위험성 평가에 관한 사항 ④ 산업안전보건법령 및 산업재해보상보험 제도에 관한 사항 ⑤ 직무스트레스 예방 및 관리에 관한 사항 ⑥ 직장 내 괴롭힘, 고객의 폭언 등으로 인한 건강장해 예방 및 관리에 관한 사항 ⑦ 기계·기구의 위험성과 작업의 순서 및 동선에 관한 사항 ⑧ 작업 개시 전 점검에 관한 사항 ⑨ 정리정돈 및 청소에 관한 사항 ⑩ 사고 발생 시 긴급조치에 관한 사항 ⑪ 물질안전보건자료에 관한 사항
근로자 정기교육	① 산업안전 및 사고 예방에 관한 사항 ② 산업보건 및 직업병 예방에 관한 사항 ③ 위험성 평가에 관한 사항 ④ 건강증진 및 질병 예방에 관한 사항 ⑤ 유해·위험 작업환경 관리에 관한 사항 ⑥ 산업안전보건법령 및 산업재해보상보험 제도에 관한 사항 ⑦ 직무스트레스 예방 및 관리에 관한 사항 ⑧ 직장 내 괴롭힘, 고객의 폭언 등으로 인한 건강장해 예방 및 관리에 관한 사항
관리감독자 정기교육	① 산업안전 및 사고 예방에 관한 사항 ② 산업보건 및 직업병 예방에 관한 사항 ③ 위험성평가에 관한 사항 ④ 유해·위험 작업환경 관리에 관한 사항 ⑤ 산업안전보건법령 및 산업재해보상보험 제도에 관한 사항 ⑥ 직무스트레스 예방 및 관리에 관한 사항 ⑦ 직장 내 괴롭힘, 고객의 폭언 등으로 인한 건강장해 예방 및 관리에 관한 사항 ⑧ 작업공정의 유해·위험과 재해 예방대책에 관한 사항 ⑨ 사업장 내 안전보건관리체제 및 안전·보건조치 현황에 관한 사항 ⑩ 표준안전 작업방법 및 지도 요령에 관한 사항 ⑪ 안전보건교육 능력 배양에 관한 사항 ⑫ 비상시 또는 재해 발생시 긴급조치에 관한 사항 ⑬ 관리감독자의 역할과 임무에 관한 사항

10

「산업안전보건법」상 근로자가 어떤 장소에서 용접, 용단 작업을 하도록 하는 경우 화재위험을 감시하고 화재 발생 시 사업장 내 근로자의 대피를 유도하는 업무만을 담당하는 화재 감시자를 지정하여 용접, 용단 작업 장소에 배치하여야 할 때 화재 감시자 배치장소 3가지를 쓰시오.

① 작업반경 11m 이내에 건물 구조 자체나 내부에 가연성 물질이 있는 장소
② 작업반경 11m 이내의 바닥 하부에 가연성물질이 11m 이상 떨어져 있지만 불꽃에 의해 쉽게 발화될 우려가 있는 장소
③ 가연성물질이 금속으로 된 칸막이.벽.천장 또는 지붕의 반대쪽 면에 인접해 있어 열전도나 열복사에 의해 발화될 우려가 있는 장소

11

「산업안전보건법」상 사업주가 부두·안벽 등 하역작업을 하는 장소에서의 조치사항 3가지를 쓰시오.

① 작업장 및 통로의 위험한 부분에는 안전하게 작업할 수 있는 조명을 유지할 것
② 부두 또는 안벽의 선을 따라 통로를 설치하는 경우에는 폭을 90cm 이상으로 할 것
③ 육상에서의 통로 및 작업장소로서 다리 또는 선거 갑문을 넘는 보도 등의 위험한 부분에는 안전난간 또는 울타리 등을 설치할 것

12

A 사업장의 기계를 1시간 가동할 때 고장 발생 확률이 0.004일 때 다음을 구하시오.

(1) 평균고장간격(MTBF)[시간]
(2) 10시간 가동할 때의 신뢰도(R)

(1) $MTBF = \dfrac{1}{\lambda} = \dfrac{1}{0.004} = 250$시간
(2) $R = e^{-\lambda t} = e^{-0.004 \times 10} = 0.96$

13

다음 보기에서 「산업안전보건법」상 안전인증 대상 기계·기구 및 설비를 모두 고르시오.

[보기]
프레스, 크레인, 연삭기,
압력용기, 산업용로봇, 컨테이너

프레스, 크레인, 압력용기

*안전인증대상 기계·기구 등

기계·기구 및 설비	① 프레스 ② 전단기 및 절곡기 ③ 크레인 ④ 리프트 ⑤ 압력용기 ⑥ 롤러기 ⑦ 사출성형기 ⑧ 고소 작업대 ⑨ 곤돌라
방호장치	① 프레스 및 전단기 방호장치 ② 양중기용 과부하방지장치 ③ 보일러 압력방출용 안전밸브 ④ 압력용기 압력방출용 안전밸브 ⑤ 압력용기 압력방출용 파열판 ⑥ 절연용 방호구 및 활선작업용 기구 ⑦ 방폭구조 전기기계·기구 및 부품 ⑧ 추락·낙하 및 붕괴 등의 위험방지 및 보호에 필요한 가설기자재로서 고용노동부장관이 정하여 고시하는 것
보호구	① 추락 및 감전 위험방지용 안전모 ② 안전화 ③ 안전장갑 ④ 방진마스크 ⑤ 방독마스크 ⑥ 송기마스크 ⑦ 전동식 호흡보호구 ⑧ 보호복 ⑨ 안전대 ⑩ 차광 및 비산물 위험방지용 보안경 ⑪ 용접용 보안면 ⑫ 방음용 귀마개 또는 귀덮개

14

「산업안전보건법」상 다음 표지에 해당하는 명칭을 쓰시오.

①	②	③	④

① 화기금지
② 폭발성물질경고
③ 부식성물질경고
④ 고압전기경고

*금지표지

출입금지	보행금지	차량통행 금지	사용금지
탑승금지	금연	화기금지	물체이동 금지

01

「산업안전보건법」상 로봇의 작동범위 내에서 그 로봇에 관하여 교시 등의 작업할 때 작업 시작 전 점검사항 3가지를 쓰시오.

① 외부 전선의 피복 또는 외장의 손상 유무
② 매니퓰레이터 작동의 이상 유무
③ 제동장치 및 비상정지장치의 기능

02

인간-기계 통합시스템에서 시스템이 갖는 기능 4가지를 쓰시오.

① 감지
② 행동
③ 정보보관
④ 정보처리 및 의사결정
⑤ 출력

03

「산업안전보건법」상 안전인증 대상 보호구 8가지를 쓰시오.

① 안전대   ② 안전화
③ 안전장갑   ④ 방진마스크
⑤ 방독마스크   ⑥ 송기마스크
⑦ 보호복   ⑧ 용접용 보안면

*안전인증대상 기계·기구 등	
기계·기구 및 설비	① 프레스 ② 전단기 및 절곡기 ③ 크레인 ④ 리프트 ⑤ 압력용기 ⑥ 롤러기 ⑦ 사출성형기 ⑧ 고소 작업대 ⑨ 곤돌라
방호장치	① 프레스 및 전단기 방호장치 ② 양중기용 과부하방지장치 ③ 보일러 압력방출용 안전밸브 ④ 압력용기 압력방출용 안전밸브 ⑤ 압력용기 압력방출용 파열판 ⑥ 절연용 방호구 및 활선작업용 기구 ⑦ 방폭구조 전기기계·기구 및 부품 ⑧ 추락·낙하 및 붕괴 등의 위험방지 및 보호에 필요한 가설기자재로서 고용노동부장관이 정하여 고시하는 것
보호구	① 추락 및 감전 위험방지용 안전모 ② 안전화 ③ 안전장갑 l ④ 방진마스크 ⑤ 방독마스크 ⑥ 송기마스크 ⑦ 전동식 호흡보호구 ⑧ 보호복 ⑨ 안전대 ⑩ 차광 및 비산물 위험방지용 보안경 ⑪ 용접용 보안면 ⑫ 방음용 귀마개 또는 귀덮개

04

「산업안전보건법」상 안전보건관리담당자의 업무 4가지를 쓰시오.

① 안전·보건교육 실시에 관한 보좌 및 조언·지도
② 위험성평가에 관한 보좌 및 조언·지도
③ 작업환경측정 및 개선에 관한 보좌 및 조언·지도
④ 건강진단에 관한 보좌 및 조언·지도
⑤ 산업재해 발생의 원인 조사, 산업재해 통계의 기록 및 유지를 위한 보좌 및 조언·지도
⑥ 산업안전·보건과 관련된 안전장치 및 보호구 구입 시 적격품 선정에 관한 보좌 및 조언·지도

05

다음 보기는 「산업안전보건법」상 말비계 조립 시 사업주의 준수사항에 대한 내용일 때 빈칸을 채우시오.

[보기]
- 지주부재의 하단에는 (①)를 하고, 근로자가 양측 끝 부분에 올라서서 작업하지 않도록 할 것
- 지주부재와 수평면의 기울기를 (②)도 이하로 하고, 지주부재와 지주부재 사이를 고정시키는 보조부재를 설치할 것
- 말비계의 높이가 (③)m를 초과하는 경우에는 작업발판의 폭을 (④)cm 이상으로 할 것

① 미끄럼 방지장치
② 75
③ 2
④ 40

① 지주부재의 하단에는 미끄럼 방지장치를 하고, 근로자가 양측 끝 부분에 올라서서 작업하지 않도록 할 것
② 지주부재와 수평면의 기울기를 75° 이하로 하고, 지주부재와 지주부재 사이를 고정시키는 보조부재를 설치할 것.
③ 말비계의 높이가 2m를 초과하는 경우에는 작업발판의 폭을 40cm 이상으로 할 것.

06

기계설비의 방호원리 3가지를 쓰시오.

① 차단
② 위험제거
③ 덮어씌움
④ 위험에 적응

07

다음 보기는 「산업안전보건법」상 화학설비 및 부속설비 안전기준에 대한 내용일 때 빈칸을 채우시오.

[보기]
사업주는 급성독성물질이 지속적으로 외부에 유출될 수 있는 화학설비 및 그부속설비에 파열판과 안전밸브를 (①)로 설치하고 그 사이에는 (②) 또는 (③)를 설치하여야 한다.

① 직렬
② 압력지시계
③ 자동경보장치

08

「산업안전보건법」상 교류아크용접기에 전격방지기를 설치하여야 하는 장소 3가지를 쓰시오.

① 선박의 이중 선체 내부·밸러스트 탱크·보일러 내부 등 도전체에 둘러싸인 장소
② 추락할 위험이 있는 높이 2m 이상의 장소로 철골 등 도전성이 높은 물체에 근로자가 접촉할 우려가 있는 장소
③ 근로자가 물·땀 등으로 인하여 도전성이 높은 습윤상태에서 작업하는 장소

09

다음 보기는 「산업안전보건법」상 사업주가 설치하여야 할 추락방호망에 대한 내용일 때 빈칸을 채우시오.

> [보기]
> - 추락방호망의 설치위치는 가능하면 작업면으로부터 가까운 지점에 설치하여야 하며, 작업면으로부터 망의 설치 지점까지의 수직거리는 (①)m를 초과하지 아니한 것
> - 추락방호망은 수평으로 설치하고, 망의 처짐은 짧은 변 길이의 12% 이상이 되도록 할 것
> - 건축물 등 바깥쪽으로 설치하는 경우 추락방호망의 내민 길이는 벽면으로부터 (②)m 이상이 되도록 할 것. 다만, 그물코가 20mm 이하인 추락방호망을 사용한 경우에는 낙하물 방지망을 설치한 것으로 본다.

① 10 ② 3

10

「산업안전보건법」상 사업장에 안전보건 관리규정을 작성하려 할 때 포함사항 4가지를 쓰시오.

① 안전 및 보건에 관한 관리조직과 그 직무에 관한 사항
② 안전보건교육에 관한 사항
③ 작업장의 안전 및 보건 관리에 관한 사항
④ 사고 조사 및 대책 수립에 관한 사항

11

다음 보기는 정전기 재해에 관한 예방대책에 대한 내용일 때 빈칸을 채우시오.

> [보기]
> 해당 설비에 대하여 확실한 방법으로 (①)를 하거나 (②) 재료를 사용하거나 가습 및 점화원이 될 우려가 없는 (③)를 사용하는 등 정전기의 발생을 억제하거나 제거하기 위하여 필요한 조치를 하여야 한다.

① 접지 ② 도전성 ③ 제전장치

12

「산업안전보건법」상 근로자 정기교육내용 4가지를 쓰시오.

① 산업안전 및 사고 예방에 관한 사항
② 산업보건 및 직업병 예방에 관한 사항
③ 산업안전보건법령 및 산업재해보상보험 제도에 관한 사항
④ 직무스트레스 예방 및 관리에 관한 사항
⑤ 직장 내 괴롭힘, 고객의 폭언 등으로 인한 건강장해 예방 및 관리에 관한 사항

*교육 구분

구분	내용
채용 시 교육 및 작업내용 변경 시 교육	① 산업안전 및 사고 예방에 관한 사항 ② 산업보건 및 직업병 예방에 관한 사항 ③ 위험성 평가에 관한 사항 ④ 산업안전보건법령 및 산업재해보상보험 제도에 관한 사항 ⑤ 직무스트레스 예방 및 관리에 관한 사항 ⑥ 직장 내 괴롭힘, 고객의 폭언 등으로 인한 건강장해 예방 및 관리에 관한 사항 ⑦ 기계·기구의 위험성과 작업의 순서 및 동선에 관한 사항 ⑧ 작업 개시 전 점검에 관한 사항 ⑨ 정리정돈 및 청소에 관한 사항 ⑩ 사고 발생 시 긴급조치에 관한 사항 ⑪ 물질안전보건자료에 관한 사항
근로자 정기교육	① 산업안전 및 사고 예방에 관한 사항 ② 산업보건 및 직업병 예방에 관한 사항 ③ 위험성 평가에 관한 사항 ④ 건강증진 및 질병 예방에 관한 사항 ⑤ 유해·위험 작업환경 관리에 관한 사항 ⑥ 산업안전보건법령 및 산업재해보상보험 제도에 관한 사항 ⑦ 직무스트레스 예방 및 관리에 관한 사항 ⑧ 직장 내 괴롭힘, 고객의 폭언 등으로 인한 건강장해 예방 및 관리에 관한 사항
관리감독자 정기교육	① 산업안전 및 사고 예방에 관한 사항 ② 산업보건 및 직업병 예방에 관한 사항 ③ 위험성평가에 관한 사항 ④ 유해·위험 작업환경 관리에 관한 사항 ⑤ 산업안전보건법령 및 산업재해보상보험 제도에 관한 사항 ⑥ 직무스트레스 예방 및 관리에 관한 사항 ⑦ 직장 내 괴롭힘, 고객의 폭언 등으로 인한 건강장해 예방 및 관리에 관한 사항 ⑧ 작업공정의 유해·위험과 재해 예방 대책에 관한 사항 ⑨ 사업장 내 안전보건관리체제 및 안전·보건조치 현황에 관한 사항 ⑩ 표준안전 작업방법 및 지도 요령에 관한 사항 ⑪ 안전보건교육 능력 배양에 관한 사항 ⑫ 비상시 또는 재해 발생시 긴급조치에 관한 사항 ⑬ 관리감독자의 역할과 임무에 관한 사항

13

어떤 공장에서 사망자 2명, 1급 1명, 2급 1명, 3급 1명, 9급 1명, 10급 4명의 재해가 발생했을 때 요양근로손실일수를 구하시오.

요양근로손실일수
$= 7500 \times (2+1+1+1) + 1000 \times 1 + 600 \times 4$
$= 40900$일

*요양근로손실일수 산정요령

신체장해자등급	근로손실일수
사망, 1, 2, 3급	7500일
4급	5500일
5급	4000일
6급	3000일
7급	2200일
8급	1500일
9급	1000일
10급	600일
11급	400일
12급	200일
13급	100일
14급	50일

14

다음 FT도 그림에서 ①, ③, ⑤, ⑦의 발생 확률은 20%이고, ②, ④, ⑥의 발생 확률은 10%일 때 정상사상 발생 확률[%]을 적으시오.
(단, 소수점 다섯째 자리까지 나타내시오.)

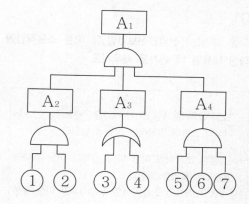

$A_1 = A_2 \times A_3 \times A_4$
$\quad = (0.2 \times 0.1) \times [1 - (1-0.2)(1-0.1)] \times (0.2 \times 0.1 \times 0.2)$
$\quad = 0.0000224 \times 100$
$\quad = 0.00224\%$

01

다음 보기는 「산업안전보건법」에 따른 소음작업에 대한 내용일 때 빈칸을 채우시오.

> [보기]
> - "소음작업"이란 1일 8시간 작업을 기준으로 (①)dB 이상의 소음이 발생하는 작업을 말한다.
> - "강렬한 소음작업"이란 다음 각목의 어느 하나에 해당하는 작업을 말한다.
> (1) 90dB 이상의 소음이 1일 (②)시간 이상 발생하는 작업
> (2) 100dB 이상의 소음이 1일 (③)시간 이상 발생하는 작업

① 85
② 8
③ 2

*소음작업
: 1일 8시간 작업을 기준하여 85dB 이상의 소음이 발생하는 작업

1. 강렬한 소음작업

데시벨(이상)	발생시간(1일 기준)
90dB	8시간 이상
95dB	4시간 이상
100dB	2시간 이상
105dB	1시간 이상
110dB	30분 이상
115dB	15분 이상

2. 충격 소음작업

데시벨(이상)	발생시간(1일 기준)
120dB	10000회 이상
130dB	1000회 이상
140dB	100회 이상

02

「산업안전보건법」상 사업주는 상업장에 유해하거나 위험한 설비가 있는 겨우 중대산업사고를 예방하기 위하여 대통령령으로 정하는 바에 따라 공정안전보고서를 작성하고 고용노동부장관에게 제출하여 심사를 받아야 한다. 다음 표의 물질을 제조·취급·저장하는 설비에 공정안전보고서를 작성하여야 하는 기준에 알맞게 빈칸을 채우시오.

유해·위험물질	규정량[kg]
인화성가스	제조·취급 : (①)
	저장 : 200000
암모니아	제조·취급·저장 : (②)
염산(중량 20% 이상)	제조·취급·저장 : (③)
황산(중량 20% 이상)	제조·취급·저장 : (④)

① 5000
② 10000
③ 20000
④ 20000

03

「산업안전보건법」에 따른 차광보안경의 종류 4가지를 쓰시오.

① 자외선용
② 적외선용
③ 복합용
④ 용접용

04

「산업안전보건법」에 따라 이상 화학반응 밸브의 막힘 등 이상상태로 인한 압력상승으로 당해설비의 최고사용압력을 구조적으로 초과할 우려가 있는 화학설비 및 그 부속설비에 안전밸브 또는 파열판을 설치하여야할 때 반드시 파열판을 설치해야 하는 경우 3가지를 쓰시오.(단, 배관은 2개 이상의 밸브에 의하여 차단되어 대기온도에서 액체의 열팽창에 의하여 파열될 우려가 있는 것으로 한정)

① 반응 폭주 등 급격한 압력 상승 우려가 있는 경우
② 급성 독성물질의 누출로 인하여 주위의 작업환경을 오염시킬 우려가 있는 경우
③ 운전 중 안전밸브에 이상 물질이 누적되어 안전밸브가 작동되지 아니할 우려가 있는 경우

05

「산업안전보건법」상 사업주는 통풍이나 환기가 충분하지 않고 가연성물질이 있는 장소에서 화재위험작업을 하는 경우에는 화재예방에 필요한 사항 3가지를 쓰시오.

① 작업 준비 및 작업 절차 수립
② 작업장 내 위험물의 사용·보관 현황 파악
③ 화기작업에 따른 인근 가연성물질에 대한 방호조치 및 소화기구 비치
④ 용접불티 비산방지덮개, 용접방화포 등 불꽃, 불티 등 비산방지조치
⑤ 인화성 액체의 증기 및 인화성 가스가 남아 있지 않도록 환기 등의 조치
⑥ 작업근로자에 대한 화재예방 및 피난교육 등 비상조치

06

「산업안전보건법」상 충전전로에 대한 접근 한계거리를 쓰시오.

충전전로의 선간전압	충전전로에 대한 접근 한계거리
$0.38kV$	(①)
$1.5kV$	(②)
$6.6kV$	(③)
$22.9kV$	(④)

① $30cm$
② $45cm$
③ $60cm$
④ $90cm$

*충전전로 한계거리

충전전로의 선간전압 [단위 : kV]	충전전로에 대한 접근한계거리 [단위 : cm]
0.3 이하	접촉금지
0.3 초과 0.75 이하	30
0.75 초과 2 이하	45
2 초과 15 이하	60
15 초과 37 이하	90
37 초과 88 이하	110
88 초과 121 이하	130
121 초과 145 이하	150
145 초과 169 이하	170
169 초과 242 이하	230
242 초과 362 이하	380
362 초과 550 이하	550
550 초과 800 이하	790

07

「산업안전보건법」에 따라 비, 눈 그 밖의 악천후로 인하여 작업을 중지시킨 후 또는 비계를 조립·해체하거나 변경한 후 작업재개시 해당 작업시작 전 점검항목 5가지를 쓰시오.

① 발판 재료의 손상 여부 및 부착 또는 걸림 상태
② 해당 비계의 연결부 또는 접속부의 풀림 상태
③ 연결 재료 및 연결 철물의 손상 또는 부식 상태
④ 손잡이의 탈락 여부
⑤ 기둥의 침하, 변형, 변위 또는 흔들림 상태
⑥ 로프의 부착 상태 및 매단 장치의 흔들림 상태

08

「산업안전보건법」에 따른 가설통로 설치 시 준수사항 3가지를 쓰시오.

① 견고한 구조로 할 것
② 경사는 30도 이하로 할 것
③ 경사가 15도를 초과하는 경우에는 미끄러지지 아니하는 구조로 할 것
④ 추락할 위험이 있는 장소에는 안전난간을 설치할 것
⑤ 수직갱에 가설된 통로의 길이가 $15m$ 이상인 경우에는 $10m$ 이내마다 계단참을 설치할 것
⑥ 건설공사에 사용하는 높이 $8m$ 이상인 비계다리에는 $7m$ 이내마다 계단참을 설치할 것

09

「산업안전보건법」상 작업장의 조도기준에 대한 빈칸을 채우시오.

작업	조도
초정밀작업	(①) Lux 이상
정밀작업	(②) Lux 이상
보통작업	(③) Lux 이상
그 외 작업	(④) Lux 이상

① 750
② 300
③ 150
④ 75

10

「산업안전보건법」상 타워크레인 설치·해체시 근로자 대상 특별안전보건교육 내용 4가지를 쓰시오.

① 붕괴·추락 및 재해방지에 관한 사항
② 신호방법 및 요령에 관한 사항
③ 이상 발생 시 응급조치에 관한 사항
④ 설치·해체 순서 및 안전작업방법에 관한 사항
⑤ 부재의 구조·재질 및 특성에 관한 사항

11

다음 보기를 참고하여 위험성평가 실시 순서를 번호로 나열하시오.

[보기]
① 위험성평가의 공유
② 근로자의 작업과 관계되는 유해·위험요인의 파악
③ 평가대상의 선정 등 사전준비
④ 위험성평가 실시내용 및 결과에 관한 기록
⑤ 위험성 감소대책의 수립 및 실행
⑥ 추정한 위험성이 허용 가능한 위험성인지 여부의 결정

③ → ② → ⑥ → ⑤ → ① → ④

*위험성평가 실시 순서
준비 → 파악 → 결정 → 실행 → 공유 → 기록

12

다음 보기는 「산업안전보건법」상 사업주가 다음 작업을 하는 근로자에 대해서 근로자 수 이상으로 지급하고 착용하도록 하여야 하는 보호구를 알맞게 빈칸을 채우시오.

[보기]
- 물체가 떨어지거나 날아올 위험 또는 근로자가 추락할 위험이 있는 작업 : (①)
- 높이 또는 깊이 2m 이상의 추락할 위험이 있는 장소에서 하는 작업 : (②)
- 물체가 흩날릴 위험이 있는 작업 : (③)
- 고열에 의한 화상 등의 위험이 있는 작업 : (④)

① 안전모
② 안전대
③ 보안경
④ 방열복

*보호구 지급 등
사업주는 다음 각 호의 어느 하나에 해당하는 작업을 하는 근로자에 대해서는 다음 각 호의 구분에 따라 그 작업조건에 맞는 보호구를 작업하는 근로자 수 이상으로 지급하고 착용하도록 하여야 한다.

① 물체가 떨어지거나 날아올 위험 또는 근로자가 추락할 위험이 있는 작업 : 안전모
② 높이 또는 깊이 2m 이상의 추락할 위험이 있는 장소에서 하는 작업 : 안전대
③ 물체의 낙하·충격, 물체에의 끼임, 감전 또는 정전기의 대전에 의한 위험이 있는 작업 : 안전화
④ 물체가 흩날릴 위험이 있는 작업 : 보안경
⑤ 용접 시 불꽃이나 물체가 흩날릴 위험이 있는 작업 : 보안면
⑥ 감전의 위험이 있는 작업 : 절연용 보호구
⑦ 고열에 의한 화상 등의 위험이 있는 작업 : 방열복
⑧ 선창 등에서 분진이 심하게 발생하는 하역작업 : 방진마스크
⑨ 섭씨 영하 18도 이하인 급냉동어창에서 하는 하역작업 : 방한모·방한복·방한화·방한장갑
⑩ 물건을 운반하거나 수거·배달하기 위하여 이륜자동차를 운행하는 작업 : 승차용 안전모

13

「산업안전보건법」상 설치·이전하거나 그 주요 구조부분을 변경하려는 경우, 유해위험방지계획서를 작성하여 고용노동부장관에게 제출하고 심사를 받아야 하는 대통령령으로 정하는 기계·기구 및 설비에 해당하는 경우를 3가지만 쓰시오.
(단, 사업이나 건설공사는 제외한다.)

① 화학설비
② 건조설비
③ 가스집합 용접장치
④ 금속이나 그 밖의 광물 용해로
⑤ 근로자의 건강에 상당한 장해를 일으킬 우려가 있는 물질로서 고용노동부령으로 정하는 물질의 밀폐·환기·배기를 위한 설비

14

A 사업장의 평균근로자수는 400명, 연간 80건의 재해 발생과 100명의 재해자 발생으로 인하여 근로손실일수 800일이 발생하였을 때 종합재해지수(FSI)를 구하시오.
(단, 근무일수는 연간 280일, 근무시간은 1일 8시간이다.)

$$도수율 = \frac{재해건수}{연근로 \ 총시간수} \times 10^6$$
$$= \frac{80}{400 \times 8 \times 280} \times 10^6 = 89.29$$

$$강도율 = \frac{근로손실일수}{연근로 \ 총시간수} \times 10^3$$
$$= \frac{800}{400 \times 8 \times 280} \times 10^3 = 0.89$$

$$\therefore 종합재해지수 = \sqrt{도수율 \times 강도율}$$
$$= \sqrt{89.29 \times 0.89} = 8.91$$

01

다음 보기는 「산업안전보건법」에 따른 경고표지에 용도 및 사용 장소에 관한 내용일 때 빈칸을 채우시오.

[보기]
(①) : 화기의 취급을 극히 주의해야 하는 물질이 있는 장소
(②) : 가열·압축하거나 강산·알칼리 등을 첨가하면 강한 산화성을 띠는 물질이 있는 장소
(③) : 돌 및 블록 등 떨어질 우려가 있는 물체가 있는 장소
(④) : 미끄러운 장소 등 넘어지기 쉬운 장소

① 인화성물질 경고
② 산화성물질 경고
③ 낙하물 경고
④ 몸균형상실 경고

02

「산업안전보건법」상 터널 강(鋼)아치 지보공의 조립 시 사업주가 따라야 하는 사항 4가지 쓰시오.

① 조립간격은 조립도에 따를 것
② 주재가 아치작용을 충분히 할 수 있도록 쐐기를 박는 등 필요한 조치를 할 것
③ 연결볼트 및 띠장 등을 사용하여 주재 상호간을 튼튼하게 연결할 것
④ 터널 등의 출입구 부분에는 받침대를 설치할 것
⑤ 낙하물이 근로자에게 위험을 미칠 우려가 있는 경우에는 널판 등을 설치할 것

03

다음 보기는 「산업안전보건법」에 따른 달비계의 적재하중을 정하려할 때 빈칸을 채우시오.

[보기]
- 달기 와이어로프 및 달기강선의 안전계수 : (①) 이상
- 달기체인 및 달기훅의 안전계수 : (②) 이상
- 달기강대와 달비계의 하부 및 상부 지점의 안전계수는 강재의 경우 (③) 이상, 목재의 경우 5 이상

① 10   ② 5   ③ 2.5

04

「산업안전보건법」상 사업주는 잠함 또는 우물통의 내부에서 근로자가 굴착작업을 하는 경우에 잠함 또는 우물통의 급격한 침하에 의한 위험을 방지하기 위하여 준수하여야 할 사항 2가지를 쓰시오.

① 침하관계도에 따른 굴착방법 및 재하량 등을 정할 것
② 바닥으로부터 천장 또는 보까지의 높이는 $1.8m$ 이상으로 할 것

05

「산업안전보건법」에 따른 감전방지용 누전차단기를 설치하는 전기기계·기구 3가지를 쓰시오.

① 물 등 도전성이 높은 액체가 있는 습윤장소에 사용하는 저압용 전기기계·기구
② 대지전압이 150 V를 초과하는 이동형 또는 휴대형 전기기계·기구
③ 임시배선의 전로가 설치되는 장소에서 사용하는 이동형 또는 휴대형 전기기계·기구
④ 철판·철골 위 등 도전성이 높은 장소에서 사용하는 이동형 또는 휴대형 전기기계·기구

06

「산업안전보건법」상 안전보건 관리규정에 대한 다음을 구하시오.

(1) 소프트웨어 개발 및 공급업에서 안전보건관리규정을 작성하여야 하는 상시근로자 수는 몇 명 이상인가?
(2) 사업장에 안전보건 관리규정을 작성하려 할 때 포함 사항 4가지를 쓰시오.

(1) 300명
(2)
① 안전 및 보건에 관한 관리조직과 그 직무에 관한 사항
② 안전보건교육에 관한 사항
③ 작업장의 안전 및 보건 관리에 관한 사항
④ 사고 조사 및 대책 수립에 관한 사항

07

건설업 중 건설공사 유해·위험방지계획서의 제출기한과 첨부서류 3가지를 쓰시오.

① 제출기한 : 해당 공사의 착공 전날까지
② 첨부서류 : ㉠ 공사개요
　　　　　　 ㉡ 안전보건관리계획
　　　　　　 ㉢ 작업공사 종류별 유해·위험방지계획

08

다음 보기는 「산업안전보건법」상 목재가공용 둥근톱에 대한 방호장치 중 분할날이 갖추어야할 사항일 때 빈칸을 채우시오.

[보기]
- 분할날의 두께는 둥근톱 두께의 1.1배 이상으로 한다.
- 견고히 고정할 수 있으며 분할날과 톱날 원주면과의 거리는 (①)mm 이내로 조정, 유지할 수 있어야 하고, 표준 테이블면 상의 톱 뒷날의 2/3 이상을 덮도록 한다.
- 재료는 KS D 32751(탄소공구강재)에서 정한 STC5(탄소공구강) 또는 이와 동등이상 재료를 사용할 것
- 분할날 조임볼트는 (②)개 이상일 것
- 분할날 조임볼트는 (③) 조치가 되어 있을 것

① 12　　② 2　　③ 이완방지

09

「산업안전보건법」상 산업안전보건위원회의 근로자위원 자격 3가지를 쓰시오.

① 근로자 대표
② 근로자대표가 지명하는 1명 이상의 명예산업안전감독관
③ 근로자대표가 지명하는 9명 이내의 해당 사업장의 근로자

10

「산업안전보건법」상 충전전로에 대한 접근 한계거리를 쓰시오.

충전전로의 선간전압[kV]	충전전로에 대한 접근 한계거리
2 초과 15 이하	(①)
37 초과 88 이하	(②)
145 초과 169 이하	(③)

① 60cm
② 110cm
③ 170cm

*충전전로 한계거리

충전전로의 선간전압 [단위 : kV]	충전전로에 대한 접근한계거리 [단위 : cm]
0.3 이하	접촉금지
0.3 초과 0.75 이하	30
0.75 초과 2 이하	45
2 초과 15 이하	60
15 초과 37 이하	90
37 초과 88 이하	110
88 초과 121 이하	130
121 초과 145 이하	150
145 초과 169 이하	170
169 초과 242 이하	230
242 초과 362 이하	380
362 초과 550 이하	550
550 초과 800 이하	790

11

「산업안전보건법」상 로봇작업에 대한 특별 안전보건 교육을 실시할 때 교육내용 4가지를 쓰시오.

① 로봇의 기본원리·구조 및 작업방법에 관한 사항
② 이상 발생 시 응급조치에 관한 사항
③ 조작방법 및 작업순서에 관한 사항
④ 안전시설 및 안전기준에 관한 사항

12

「산업안전보건법」 상 방호조치를 하지 아니하고는 양도·대여·설치 또는 사용에 제공하거나, 양도·대여의 목적으로 진열해서는 안되며, 유해위험 방지를 위해 방호조치가 무조건 필요한 기계·기구 4가지를 쓰시오.

① 예초기
② 원심기
③ 공기압축기
④ 포장기계(진공포장기, 랩핑기로 한정)
⑤ 금속절단기
⑥ 지게차

13

다음에 해당하는 방폭구조 기호를 각각 쓰시오.

[보기]
① 안전증 방폭구조
② 충전 방폭구조
③ 유입 방폭구조
④ 특수 방폭구조

① e
② q
③ o
④ s

14

하중이 1200kg인 화물을 두 줄 걸이 와이어로프로 상부 각도 108°의 각으로 들어올릴 때 다음을 구하시오. (단, 파단하중은 42.8kN이다.)

(1) 안전율을 구하시오.
(2) 안전율의 만족 또는 불만족 여부와 그 이유를 쓰시오.

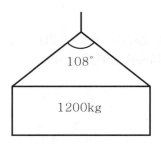

(1) $T = \dfrac{\dfrac{W}{2}}{\cos\dfrac{\theta}{2}} = \dfrac{\dfrac{1200}{2}}{\cos\dfrac{108}{2}}$

$\quad = 1020.78 kg \times 9.8 = 10003.64N = 10kN$

$\therefore$ 안전율 $= \dfrac{\text{파단하중}}{\text{안전하중}} = \dfrac{42.8}{10} = 4.28$

(2) 불만족 : 안전율이 5보다 작으므로

*로프 하나에 걸리는 장력

$T = \dfrac{\dfrac{W}{2}}{\cos\dfrac{\theta}{2}} \begin{cases} T : \text{장력} \\ W : \text{중량} \\ \theta : \text{각도}[\degree] \end{cases}$

*안전계수(안전율)

안전계수

$= \dfrac{\text{극한강도}}{\text{최대설계응력}} = \dfrac{\text{파단하중}}{\text{안전하중}} = \dfrac{\text{파괴하중}}{\text{최대사용하중}}$

$= \dfrac{\text{인장강도}}{\text{허용응력}} = \dfrac{\text{최대응력}}{\text{허용응력}} = \dfrac{\text{파괴응력}}{\text{인장응력}} = \dfrac{\text{절단하중}}{\text{허용하중}}$

*와이어로프의 안전계수

조건	안전계수
근로자가 탑승하는 운반구를 지지하는 달기와이어로프 또는 달기체인의 경우	10 이상
화물의 하중을 직접 지지하는 달기와이어로프 또는 달기체인의 경우	5 이상
훅, 샤클, 클램프, 리프팅 빔의 경우	3 이상
그 밖의 경우	4 이상

01

HAZOP 기법에 사용되는 가이드워드에 관한 의미를 영문으로 쓰시오.

(1) 설계의도 외에 다른 공정변수가 부가되는 상태
(2) 설계의도대로 완전히 이루어지지 않는 상태
(3) 설계의도대로 되지 않거나 운전 유지되지 않는 상태
(4) 공정변수가 양적으로 증가되는 상태

(1) As Well As
(2) Part of
(3) Other Than
(4) More

*HAZOP 기법에 사용되는 가이드워드

가이드워드	의미
As Well As	성질상의 증가
Part Of	성질상의 감소
Other Than	완전한 대체의 사용
Reverse	설계의도의 논리적인 역
Less	양의 감소
More	양의 증가
No or Not	설계의도의 완전한 부정

02

다음 보기는 「산업안전보건법」에 따른 달비계의 안전계수를 정하려할 때 빈칸을 채우시오.

[보기]
- 훅, 샤클, 클램프, 리프팅 빔의 경우 : (①) 이상
- 화물의 하중을 직접 지지하는 달기와이어로프 또는 달기체인의 경우 : (②) 이상
- 근로자가 탑승하는 운반구를 지지하는 달기와이어로프 또는 달기체인의 경우 : (③) 이상

① 3   ② 5   ③ 10

*와이어로프의 안전계수

조건	안전계수
근로자가 탑승하는 운반구를 지지하는 달기와이어로프 또는 달기체인의 경우	10 이상
화물의 하중을 직접 지지하는 달기와이어로프 또는 달기체인의 경우	5 이상
훅, 샤클, 클램프, 리프팅 빔의 경우	3 이상
그 밖의 경우	4 이상

03

FTA에서 사용되는 용어 중, 미니멀 컷셋(Minimal Cut Set), 미니멀 패스셋(Minimal Path Set)을 설명하시오.

① 미니멀 컷셋(Minimal Cut Set)
정상사상을 일으키기 위한 기본사상의 최소집합

② 미니멀 패스셋(Minimal Path Set)
정상사상이 일어나지 않기 위한 기본사상의 최소집합

04

사망만인율 계산식과 사망자수에 포함되지 않는 경우 2가지를 쓰시오.

(1) 사망만인율 $= \dfrac{\text{사망자수}}{\text{산재보험적용근로자수}} \times 10000$

(2) 사망자수에 포함되지 않는 경우
① 체육행사에 의한 사망
② 폭력행위에 의한 사망
③ 통상의 출퇴근에 의한 사망
④ 사고발생일로부터 1년을 경과하여 사망
⑤ 사업장 밖의 교통사고에 의한 사망(단, 운수업, 음식숙박업은 사업장 밖의 교통사고도 포함)

05

「산업안전보건법」상 안전관리자를 정수 이상으로 증원·교체·임명할 수 있는 사유 3가지를 쓰시오. (단, 해당 사업장의 전년도 사망만인율이 같은 업종의 평균 사망만인율 초과인 경우로 한정하며, 화학적 인자로 인한 직업성 질병자 관련 사항은 제외한다.)

① 해당 사업장의 연간 재해율이 같은 업종의 평균 재해율의 2배 이상인 경우
② 중대재해가 연간 2건 이상 발생한 경우
③ 관리자가 질병이나 그 밖의 사유로 3개월 이상 직무를 수행할 수 없게 된 경우

06

「산업안전보건법」에 따른 특급 방진마스크 사용 장소 2곳을 쓰시오.

① 베릴륨 등과 같이 독성이 강한 물질들을 함유한 분진 등 발생장소
② 석면 취급장소

*방진마스크 등급 및 사용장소

등급	사용장소
특급	- 베릴륨 등과 같이 독성이 강한 물질들을 함유한 분진 등 발생장소 - 석면 취급장소
1급	- 특급마스크 착용장소를 제외한 분진 등 발생장소 - 금속흄 등과 같이 열적으로 생기는 분진 등 발생장소 - 기계적으로 생기는 분진 등 발생장소
2급	- 특급 및 1급 마스크 착용장소를 제외한 분진 등 발생장소

07

「산업안전보건법」상 다음 위험기계·기구에 설치하여야 하는 방호장치 각각 1개씩 쓰시오.

[보기]
① 원심기   ② 공기압축기   ③ 금속절단기

① 회전체 접촉 예방장치
② 압력방출장치
③ 날 접촉 예방장치

*위험기계·기구 방호장치

기계·기구 명칭	방호장치
예초기	날접촉 예방장치
원심기	회전체 접촉 예방장치
공기압축기	압력방출장치
포장기계	구동부 방호 연동장치
금속절단기	날접촉 예방장치
지게차	헤드가드 백레스트 전조등·후미등 안전벨트

08

「산업안전보건법」에 따른 다음 물음에 답하시오.

(1) 사업장의 안전 및 보건에 관한 중요 사항을 심의·의결하기 위하여 사업장에 근로자위원과 사용자위원이 같은 수로 구성되는 회의체의 명칭
(2) 해당 회의의 회의 주기를 쓰시오.
(3) 근로자위원, 사용자위원 자격을 각 1가지씩 쓰시오.

(1) 산업안전보건위원회
(2) 분기(3개월)
(3)
- 근로자위원
① 근로자 대표
② 근로자대표가 지명하는 1명 이상의 명예산업안전감독관
③ 근로자대표가 지명하는 9명 이내의 해당 사업장의 근로자

- 사용자위원
① 해당 사업의 대표자
② 안전관리자
③ 보건관리자
④ 산업보건의
⑤ 해당 사업장 부서의 장

09

다음 보기는 「산업안전보건법」에 따른 화학설비 및 부속설비 안전기준 관련일 때 빈칸에 알맞은 것을 쓰시오.

[보기]
- 사업주는 급성 독성물질이 지속적으로 외부에 유출될 수 있는 화학설비 및 그 부 속설비에 파열판과 안전밸브를 (①)로 설치하고 그 사이에는 압력지시계 또는 (②)를 설치하여야 한다.
- 사업주는 안전밸브등이 안전밸브등을 통하여 보호하려는 설비의 최고사용압력 이하에서 작동되도록 하여야 한다. 다만, 안전밸브등이 2개 이상 설치된 경우에 1개는 최고사용압력의 (③)배, 외부화재를 대비한 경우에는 (④)배 이하에서 작동되도록 설치할 수 있다.

① 직렬
② 자동경보장치
③ 1.05
④ 1.1

10

「산업안전보건법」상 다음 보기에서 필요한 안전관리자의 최소 인원을 각각 쓰시오.

[보기]
① 식료품 제조업 – 상시근로자 600명
② 1차 금속 제조업 – 상시근로자 200명
③ 플라스틱 제조업 – 상시근로자 300명
④ 총공사금액 1000억원 이상인 건설업(전체 공사 기간을 100으로 할 때 15에서 85에 해당하는 기간)

① 2명   ② 1명   ③ 1명   ④ 2명

*안전관리자 최소인원
① 식료품 제조업
: 50명 이상 500명 미만 – 1명, 500명 이상 – 2명

② 1차 금속 제조업
: 50명 이상 500명 미만 – 1명, 500명 이상 – 2명

③ 플라스틱 제조업
: 50명 이상 500명 미만 – 1명, 500명 이상 – 2명

④ 건설업
: 공사금액 50억~800억 미만 – 1명, 800억 이상 – 2명

11

「산업안전보건법」상 사업주가 근로자에게 시행하여야 하는 안전보건교육 중, 건설업 기초 안전·보건교육의 내용을 2가지만 쓰시오.

① 건설공사의 종류(건축·토목 등) 및 시공 절차
② 산업재해 유형별 위험요인 및 안전보건조치
③ 안전보건관리체제 현황 및 산업안전보건 관련 근로자 권리·의무

*건설업 기초안전보건교육에 대한 내용 및 시간

교육 내용	시간
건설공사의 종류(건축·토목 등) 및 시공 절차	1시간
산업재해 유형별 위험요인 및 안전보건조치	2시간
안전보건관리체제 현황 및 산업안전보건 관련 근로자 권리·의무	1시간

12

인체 계측자료의 응용원칙 3가지를 쓰시오.

① 조절식 설계
② 극단치 설계
③ 평균치 설계

*인체측정치의 응용원리

설계의 종류	적용 대상	
조절식 설계 (조절범위를 기준)	① 침대 및 의자 높낮이 조절 ② 자동차 운전석	
극단치 설계 (최대치수와 최소치수를 기준)	최대치	① 울타리 높이 ② 출입문 높이 ③ 그네줄 인장강도
	최소치	① 선반의 높이 ② 조정장치 조종힘 ③ 조정장치 조정거리
평균치 설계	① 은행 창구 높이 ② 전동차 손잡이 높이 ③ 공원의 벤치	

13

연삭숫돌 파괴 원인 4가지를 쓰시오.

① 회전속도가 빠를 때
② 균열이 있을 때
③ 숫돌의 측면을 사용하여 작업할 때
④ 작업 방법이 불량할 때
⑤ 부적합한 연삭 숫돌 사용할 때
⑥ 플랜지 지름이 숫돌 지름의 1/3 이하일 때
⑦ 과도한 충격이 가해질 때
⑧ 회전력이 결합력보다 클 때

14

전압이 $300\,V$인 충전부분에 작업자의 물에 젖은 손이 접촉되어 감전 후 사망하였을 때 다음을 구하시오.
(단, 인체의 저항 $1000\,\Omega$ 이다.)

(1) 심실세동전류[mA]
(2) 통전시간[ms]

(1) $R = 1000 \times \dfrac{1}{25} = 40\,\Omega$

$\left(\text{손이 물에 젖으면 } \dfrac{1}{25} \text{ 감소}\right)$.

$V = IR$에서,

$\therefore I = \dfrac{V}{R} = \dfrac{300}{40} = 7.5A = 7500mA$

(2) $I = \dfrac{165}{\sqrt{T}}[mA] \Rightarrow \sqrt{T} = \dfrac{165}{I}$

$\therefore T = \dfrac{165^2}{I^2} = \dfrac{165^2}{7500^2} = 0.00048s = 0.48ms$

*인체의 전기저항

경우	기준
습기가 있는 경우	건조 시 보다 $\dfrac{1}{10}$ 저하
땀에 젖은 경우	건조 시 보다 $\dfrac{1}{12} \sim \dfrac{1}{20}$ 저하
물에 젖은 경우	건조 시 보다 $\dfrac{1}{25}$ 저하

산업안전기사 실기
작업형